国家林业和草原局普通高等教育"十四五"规划教材

生物化学实验

单　志　布同良　主编

中国林业出版社
China Forestry Publishing House

内容简介

本教材分为实验项目、实验基础原理和技术两部分。实验项目部分兼顾基础性及专业需求，编排了涉及各类常见生物化学研究对象共31个验证性和综合性实验项目；同时为引导学生独立思考、提升分析和解决问题的能力并培养创新能力，精心为每个项目配备了实验结果及分析讨论以及注意事项。为帮助学生总体把握相关技术，实验基础原理和技术部分提供了实验操作基础、分离纯化及鉴定等生物化学常用技术的原理知识。此外，纸数融合的信息化建设是本教材的一大亮点，部分实验项目关键操作配备了详细操作视频，可通过扫描教材中二维码查阅，方便读者使用。

本教材可供高等院校各相关专业使用，也可供相关专业教师和科研人员参考。

图书在版编目（CIP）数据

生物化学实验 / 单志，布同良主编. -- 北京：中国林业出版社，2025.1. -- （国家林业和草原局普通高等教育"十四五"规划教材）. -- ISBN 978-7-5219-2885-3

Ⅰ. Q5-33

中国国家版本馆 CIP 数据核字第 202487B0A3 号

策划编辑：李树梅　高红岩
责任编辑：李树梅
责任校对：苏　梅
封面设计：睿思视界视觉设计

出版发行　中国林业出版社
　　　　　（100009，北京市西城区刘海胡同 7 号，电话 83143531）
电子邮箱　jiaocaipublic@163.com
网　　址　https：//www.cfph.net
印　　刷　北京中科印刷有限公司
版　　次　2025 年 1 月第 1 版
印　　次　2025 年 1 月第 1 次印刷
开　　本　787mm×1092mm　1/16
印　　张　10
字　　数　235 千字
定　　价　30.00 元

《生物化学实验》编写人员

主　编　单　志　布同良

副主编　赵海霞　李成磊　韩学易　姚慧鹏

编　者　(按姓氏拼音排序)

　　　　布同良 (四川农业大学)

　　　　陈　锋 (四川农业大学)

　　　　丁海萍 (山东农业大学)

　　　　韩学易 (四川农业大学)

　　　　李成磊 (四川农业大学)

　　　　刘默洋 (上海交通大学)

　　　　单　志 (四川农业大学)

　　　　孙　蓉 (攀枝花学院)

　　　　唐自钟 (四川农业大学)

　　　　王　涛 (四川农业大学)

　　　　吴花拉 (四川农业大学)

　　　　谢刘琴 (四川轻化工大学)

　　　　姚慧鹏 (四川农业大学)

　　　　张志明 (山东农业大学)

　　　　赵海霞 (四川农业大学)

主　审　陈　惠 (四川农业大学)

前　言

生物化学作为一门探索生命现象化学本质的学科，是建立在坚实的实验基础之上的。生物化学实验作为理论教学的重要组成部分，不但能够深化学生对理论知识的理解，还能训练学生的实验操作技能，培养学生分析和解决问题的能力以及严谨求实的科学态度，为学生养成独立科研能力奠定坚实的基础。

新编《生物化学实验》教材，立足国家高等教育对"新农科"的战略要求，面向高等农林院校相关本科专业需求，本着注重基础、着眼发展的指导思想编写而成。编写团队在总结多年生物化学实验教学经验的基础上优化了实验项目模块组成，丰富了课后分析讨论，推进了教材配套数字化建设，充分体现出高等农林院校生物化学实验教学设计的先进性、知识体系的科学性、目标群体的适用性。

首先，第一部分为实验项目，组成方面兼顾基础性及专业需求。实验项目以各类生物化学成分为研究对象，覆盖常见的维生素、氨基酸、蛋白质、酶、糖类、脂类、核酸等生物分子，既考虑涉及相关专业的基础性、通用性，又结合各专业需求，针对性地设计了动物、植物和微生物等不同生物研究对象的实验内容。第二部分为实验基础原理和技术，融合了常见基本操作、生物活性成分的提取、常用分离技术、定性和定量检测方法等各类生物化学实验技术，可以帮助学生从宏观角度对相关原理知识有整体的把握，避免其在技术学习过程中"只见树木，不见森林"。另外，附录部分保留了常见的各类试剂的配制方法，方便读者查用。

其次，为提升学生对实验内容及技术的理解能力及掌握程度，编写团队为每个项目精心编排了实验结果及分析讨论，引导学生积极思考，培养独立分析和解决问题的能力，促进其实验技能综合素质的提升；各实验中的注意事项则为实验操作的成功提供了有效保障。

最后，为推进实验教学的信息化建设，本教材积极开展纸数融合的新形态教材建设工作。编写团队精心挑选了9个实验项目，高标准建设了配套实验操作视频教学资源，重点围绕实验操作中事关实验成败的关键细节，在视频中重点呈现，相关视频资源实现线上共享。同时，在纸质教材对应实验项目中引入二维码与录像视频关联，实现纸屏联动，突破课堂学习的时空限制，丰富实验教学介质，推进"线上+线下"混合教学模式，便于学生自主开展学习。

本教材由编写团队集体讨论拟定教材大纲及任务分工。由单志、布同良任主编，赵海霞、李成磊、韩学易、姚慧鹏任副主编，参编人员有陈锋、丁海萍、刘默洋、孙蓉、唐自钟、王涛、吴花拉、谢刘琴、张志明。布同良负责统稿，陈惠任主审。单志、布同良、韩学易、王涛、陈锋等参与了实验操作视频的录制。吴琦、苟琳、晏本菊、王晓丽、张军杰、张晓凌、陈小双等老师在本教材的编写过程中提供了许多帮助，在此一并感谢！

在编写过程中，参考了同行专家、学者已出版的生物化学实验技术方面的书籍及一些数据资料，在此对相关作者表示衷心感谢！

鉴于编者水平有限，书中不足之处在所难免，敬请读者批评指正。

编　者
2024 年 6 月

目 录

第二部分　实验基础原理和技术

第一部分 实验项目

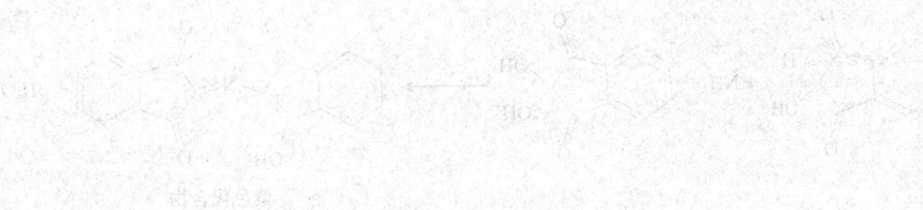

实验 1 【氨基酸】植物组织中氨基酸总含量的测定

一、实验原理

氨基酸(amino acid)是构成蛋白质的基本单位，也是人体消化吸收及利用蛋白质的主要形式。作为生物学上重要的有机化合物，氨基酸由 α-氨基、α-羧基、α-H，以及一个侧链(又称 R 基)组成。

凡含有游离氨基的化合物，如蛋白质、多肽和氨基酸溶液等，与茚三酮共热时，能定量地生成具有蓝紫色或紫色(又称 Ruhemans 紫)的二酮茚胺化合物。在一定浓度范围内，该化合物呈色的深浅与氨基酸的含量成正比关系，可用比色法测定波长 570 nm 下的吸光度，从而计算氨基酸的总含量。需要注意的是，脯氨酸和羟脯氨酸与茚三酮反应后呈黄色，需要在波长 440 nm 下测定。

如图 1-1-1 所示，氨基酸与茚三酮的反应分两步进行。第一步：氨基酸被氧化形成 CO_2、NH_3 和醛，茚三酮被还原成还原型茚三酮；第二步：所形成的还原型茚三酮与另一个茚三酮分子和氨缩合生成二酮茚胺，呈现 Ruhemans 紫色。

第一步：

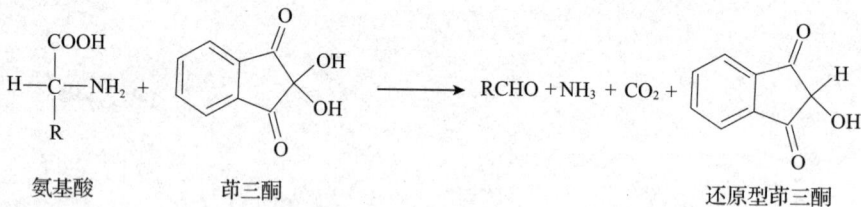

氨基酸   茚三酮   还原型茚三酮

第二步：

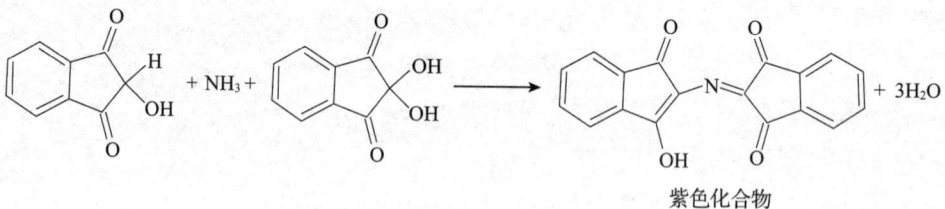

紫色化合物

图 1-1-1　氨基酸与茚三酮的两步反应

二、实验材料

1. 材料

鲜草。

2. 化学药品或试剂

(1)水合茚三酮试剂：称取 0.6 g 再结晶的茚三酮置于烧杯中，加入 15 mL 正丙醇，搅拌使其溶解。再加入 30 mL 正丁醇及 60 mL 乙二醇，最后加入 9 mL pH 5.4 的乙酸-乙酸钠缓冲液，混匀，贮于棕色瓶，置4℃下保存备用，10 d 内有效。

（2）乙酸–乙酸钠缓冲液（pH 5.4）：称取 54.4 g 乙酸钠加入 100 mL 双蒸水，在电炉上加热至沸腾，使体积蒸发至 60 mL 左右。冷却后转入 100 mL 容量瓶中，再加入 30 mL 冰乙酸，最后用双蒸水定容至 100 mL，备用。

（3）标准氨基酸（亮氨酸，5 μg/mL）：称取 50 mg 亮氨酸，溶于少量双蒸水中，转移至容量瓶内，并用双蒸水定容至 100 mL。取此液 0.5 mL，用双蒸水稀释至 50 mL，即为含 5 μg/mL，作为标准氨基酸溶液。

（4）0.1%抗坏血酸：称取 50 mg 抗坏血酸，溶于 50 mL 双蒸水中，现用现配。

（5）60%乙醇：100 mL 95%乙醇与 58.3 mL 双蒸水混合。

（6）其他：10%乙酸、亮氨酸、抗坏血酸。

三、实验器材

电子天平，烧杯，量筒，电炉，容量瓶（20 mL、100 mL），研钵，剪刀，漏斗，滤纸，具塞刻度试管（20 mL），分光光度计，移液管（1 mL、5 mL），水浴锅，锥形瓶（250 mL）。

四、操作步骤

1. 样品制备

取鲜草样品洗净、擦干并剪碎混匀后，称取 1.0 g 于研钵中，加入 5 mL 10%乙酸，研磨成匀浆。用漏斗将匀浆转移至 100 mL 容量瓶，双蒸水充分冲洗研钵，清洗液悉数转入容量瓶，加双蒸水稀释并定容至 100 mL。混匀后，用滤纸过滤到锥形瓶中备用，获得的样品浓度为 0.01 g/mL。

2. 制作标准曲线

取 6 支 20 mL 具塞刻度试管，按表 1-1-1 操作。

表 1-1-1 游离氨基酸标准曲线制作

试剂	试管编号					
	1	2	3	4	5	6
标准氨基酸/mL	0	0.2	0.4	0.6	0.8	1.0
双蒸水/mL	2.0	1.8	1.6	1.4	1.2	1.0
水合茚三酮/mL	3.0	3.0	3.0	3.0	3.0	3.0
0.1%抗坏血酸/mL	0.1	0.1	0.1	0.1	0.1	0.1
每管含氨量/μg	0	1	2	3	4	5

根据表 1-1-1 添加完各类试剂后混匀，将试管置沸水浴中加热 15 min，取出后用冷水迅速冷却并不时摇动，当加热时形成的红色被空气逐渐氧化而褪去进而呈现蓝紫色时，用 60%乙醇定容至 20 mL。混匀后，取适量于比色皿中，在波长 570 nm 处测定吸光度。以氨基酸含量为横坐标，吸光度 A_{570} 为纵坐标，绘制标准曲线。

3. 样品测定

按表 1-1-2 加样至具塞刻度试管后混匀，按制作标准曲线的反应步骤进行实验，在相

表 1-1-2   样品测定加样量

试剂	试管编号			
	对照	样品 1	样品 2	样品 3
样品/mL	0	2.0	2.0	2.0
双蒸水/mL	2.0	0	0	0
水和茚三酮/mL	3.0	3.0	3.0	3.0
0.1%抗坏血酸/mL	0.1	0.1	0.1	0.1
每管含氨量/μg				

同条件下测定各样品的吸光度,并在标准曲线上查出对应的氨基酸含量,记录实验数据。

五、实验结果及分析讨论

(1)绘制标准曲线并生成线性回归方程。

(2)计算样品中氨基酸总含量。

按下式计算样品中总氨基酸含量:

$$样品中总氨基酸含量(g/g) = \frac{C \times V_t \times 10^{-6}}{V_s \times W}$$

式中　C——标准曲线上查得的氨基态氮含量(μg);

　　　V_t——样品定容总体积(mL);

　　　V_s——测定时样品取样体积(mL);

　　　W——样品鲜重(g);

　　　10^{-6}——单位换算系数(μg 换算为 g)。

(3)影响实验结果的因素有哪些?

(4)茚三酮与氨基酸反应后的呈色都是紫色或者蓝紫色吗?若不是,还会出现何种颜色?

六、注意事项

(1)茚三酮保存需谨慎:合格的茚三酮应该是微黄色结晶,若保管不当,颜色加深或变成微红色,必须重结晶后方可使用。茚三酮重结晶的方法:5.0 g 茚三酮溶于 15 mL 热双蒸水中,加入 0.25 g 活性炭,轻轻摇动,溶液太稠时,可适量加水。30 min 后用滤纸过滤,滤液置冰箱中过夜后即可见微黄色结晶析出,用滤纸过滤,再用 1 mL 双蒸水结晶一次,置于干燥器中干燥,保存于棕色瓶中,备用。

(2)反应产物尽快测定:茚三酮与氨基酸反应所生成的 Ruhemans 紫色在 1 h 内保持稳定,故稀释后应尽快比色。

(3)抗坏血酸用量需适中:空气中的氧干扰显色反应的第一步。以抗坏血酸为还原剂,可提高反应的灵敏度,并使颜色稳定。但由于抗坏血酸也可与茚三酮反应,使溶液颜色过深,故应严格掌握抗坏血酸的加入量。

实验2 【维生素】维生素A含量的测定

一、实验原理

脂溶性维生素A在三氯甲烷溶液中可与三氯化锑发生Carr-Price反应,最终生成蓝色化合物。该蓝色产物溶液在波长650 nm处有最大特征吸收峰,其颜色深浅与维生素A的含量在一定范围内成正比,用分光光度计测定其吸光度,对维生素A进行定性和定量测定。

二、实验材料

1. 材料

动物肝脏。

2. 化学药品或试剂

(1)25%三氯化锑-三氯甲烷溶液:称取25.0 g干燥的三氯化锑溶于100 mL三氯甲烷中,置棕色瓶避光贮存。

(2)维生素A标准溶液:按照说明书准确称取标准维生素A,置于25 mL容量瓶中,用三氯甲烷溶解,配成100 IU/mL的标准溶液。

(3)其他:三氯化锑、三氯甲烷、无水硫酸钠、乙醚、醋酸酐。

三、实验器材

研钵,具塞锥形瓶(250 mL),冰盒,具塞试管(20 mL),比色管(20 mL),移液管(1 mL、5 mL、10 mL),分光光度计,比色皿,旋转蒸发仪,电子天平,容量瓶(25 mL),量筒。

四、操作步骤

1. 样品处理

称取2.0~5.0 g动物肝脏,剪碎后置于研钵内,加入3~5倍肝脏质量的无水硫酸钠,充分研磨至样品中的水分完全被吸收。

2. 维生素A的提取

小心将上述研磨样品转移入具塞锥形瓶中,准确加入50~100 mL乙醚,盖好塞子,用力振荡3~5 min,使样品中的维生素A溶入乙醚中,将锥形瓶置于含冰水的冰盒中1~2 h,直至乙醚液澄清为止,备用。

3. 标准曲线制作

取6支具塞试管,编号,用三氯甲烷稀释维生素A标准溶液配成不同浓度的标准溶液系列(0 IU/mL、10 IU/mL、20 IU/mL、40 IU/mL、80 IU/mL、120 IU/mL)。再取相同数量比色管,编号,用移液管依次加入1 mL三氯甲烷和1 mL标准溶液系列,随后在各管中加入醋酸酐 1~2 滴，制成标准比色系列溶液。用分光光度计在波长 620 nm 处用三氯甲烷调零，标准比色系列溶液中迅速加入 9 mL 25%三氯化锑-三氯甲烷溶液，快速混匀，转移至比色皿中，在 6 s 内测定吸光度。以维生素 A 含量为横坐标，吸光度 A_{620} 为纵坐标，绘制标准曲线图。

4. 维生素 A 的浓缩及检测

取 2~5 mL 澄清乙醚提取液，放入比色管中，使用旋转蒸发仪在 70~80℃ 水浴中抽气蒸干，立即加入 1 mL 三氯甲烷溶解残渣，再加 1~2 滴醋酸酐和 9 mL 25%三氯化锑-三氯甲烷溶液，混匀后在 6 s 内测其吸光度，至少测定 3 个重复。

5. 计算

据所测吸光度从标准曲线上查得待测管中维生素 A 的国际单位数，再根据稀释关系求出样品中维生素 A 的含量。

五、实验结果及分析讨论

（1）填写实验数据。

项目	试管编号								
	1	2	3	4	5	6	样1	样2	样3
维生素 A 含量/(IU/mL)									
A_{620}									

（2）使用 Excel 工具绘制标准曲线。

（3）计算动物肝脏样品中维生素 A 的含量。

（4）实验中，加入 1~2 滴醋酸酐的目的是什么？

（5）比色法测定维生素 A 实验的关键步骤有哪些？

（6）列举几种含维生素 A 丰富的天然食物。

六、注意事项

（1）维生素 A 极易被光线破坏，应在微弱光线下进行实验操作。

（2）定量测定维生素 A 所用的试剂和器材必须绝对干燥。水分可使三氯化锑不再与维生素 A 反应，并出现混浊。在试管中加入 1~2 滴醋酸酐可除去微量吸入的水分。

（3）三氯甲烷应不含分解物，否则会破坏维生素 A。

实验 3 【维生素】维生素 C 的定量测定

一、实验原理

维生素 C 是生物体中最重要的维生素之一，它与其他还原剂共同维持细胞正常的氧化还原状态和有关酶系统的活性。当人体长期持续或严重缺乏维生素 C 时可能会出现维生素 C 缺乏病（坏血病）。因此，维生素 C 又称抗坏血酸。

维生素 C 有两种形式，即还原型抗坏血酸和氧化型抗坏血酸，新鲜的材料中以还原型抗坏血酸为主。维生素 C 易溶于水，在体外不稳定，易被氧化成氧化型抗坏血酸，尤以遇碱、热和重金属离子时更易被氧化破坏，故提取测定时常用无氧化作用的稀酸溶液作提取试剂。

还原型抗坏血酸能将 2,6-二氯酚靛酚还原，而自身被氧化。氧化型 2,6-二氯酚靛酚染料在碱性溶液中显示蓝色，在酸性溶液中显示红色，而还原型的染料为无色。故用 2,6-二氯酚靛酚溶液来滴定维生素 C 时，其终点将呈现粉红色(维持 15~30 s 不褪色)，此时溶液中还原型抗坏血酸全部变为氧化型抗坏血酸，可从消耗 2,6-二氯酚靛酚的量计算出被滴定样品中还原型维生素 C 的量。

二、实验材料

1. 材料
新鲜橘子。

2. 化学药品或试剂
(1)1%草酸溶液：取 1.0 g 草酸加入适量的双蒸水中，溶解后加双蒸水至 100 mL 容量瓶刻度线，摇匀备用。

(2)2%草酸溶液：取 2.0 g 草酸加入适量的双蒸水中，溶解后加双蒸水至 100 mL 容量瓶刻度线，摇匀备用。

(3)标准抗坏血酸溶液(0.1 mg/mL)：精确称取 50.0 mg 抗坏血酸，用 1%草酸溶液溶解并定容至 500 mL，现用现配。

(4)0.05% 2,6-二氯酚靛酚溶液：称 2,6-二氯酚靛酚 500 mg 溶于 300 mL 含 104 mg 碳酸氢钠的热水中，冷却后用双蒸水稀释至 1 000 mL，滤去不溶物，贮于棕色瓶内，4℃保存，一周内有效。滴定样品前用标准抗坏血酸溶液标定。

三、实验器材

电子天平，组织捣碎机，容量瓶(50 mL、100 mL)，移液管(5 mL、10 mL)，锥形瓶(100 mL)，碱式滴定管(25 mL)。

四、操作步骤

1. 样品制备
取 50.0 g 新鲜橘子，加 100 mL 2%草酸溶液，用组织捣碎机打成匀浆。称取 20.0 g 匀浆，移入 100 mL 容量瓶，用 2%草酸溶液定容至刻度，摇匀后静置备用。

2. 2,6-二氯酚靛酚溶液的标定
准确吸取 4.0 mL 抗坏血酸标准溶液(含 0.4 mg 抗坏血酸)于 100 mL 锥形瓶中，加 16 mL 1%草酸溶液，用 2,6-二氯酚靛酚溶液滴定至淡红色(15 s 内不褪色即为终点，至少设置 3 个重复)。记录所用染料溶液的体积(标定 1 至标定 3，mL)，计算出 1 mL 染料溶液所能氧化抗坏血酸的量(mg)，即 T 值。

3. 样品滴定

准确吸取样品提取液(上清液或滤液)3 份,每份 20.0 mL,分别放入 100 mL 锥形瓶中,按步骤 2 的滴定操作进行滴定并记录所用染料溶液体积(样 1 至样 3,mL)。

五、实验结果及分析讨论

(1)填写实验数据。

试剂	试管编号					
	标定 1	标定 2	标定 3	样 1	样 2	样 3
滴定用量/mL						
抗坏血酸含量/(mg/g)						

(2)样品抗坏血酸含量计算。

取样品滴定所用染料体积平均值代入下列公式计算 1.0 g 样品中还原型抗坏血酸含量:

$$还原型抗坏血酸含量(mg/g) = \frac{V \times T \times G \times A}{W \times G_1 \times A_1}$$

式中　V——滴定样品提取液消耗染料平均值(mL);

　　　T——每毫升染料所能氧化抗坏血酸的量(mg/mL);

　　　G——匀浆总质量(g);

　　　G_1——制备提取液取用匀浆质量(g);

　　　A——样品提取液定容体积(mL);

　　　A_1——滴定时吸取样品提取液体积(mL);

　　　W——样品质量(g)。

(3)2,6-二氯酚靛酚法能否测定总的维生素 C 含量?

(4)如果样品提取液中存在较深的颜色,会不会影响测定结果?如何解决?

(5)为什么要在酸性条件下进行维生素 C 的测定?

六、注意事项

(1)提取液中尚含有其他还原物质如鞣质、半胱氨酸、谷胱甘肽等,均可与 2,6-二氯酚靛酚反应,因其含量较少,可忽略不计。

(2)用本法测定抗坏血酸含量虽简便易行,但有下述缺点:第一,本法只能测定还原型抗坏血酸,不能测出具有同样生理功能的氧化型抗坏血酸和结合型抗坏血酸;第二,样品中的色素经常对终点的判断产生干扰,虽可预先用白陶土脱色,或加入 2~3 mL 二氯乙烷,以二氯乙烷层变红为终点,但实际上仍难免产生误差。

(3)用 2%草酸溶液制备样品提取液,可有效地抑制抗坏血酸氧化酶,以免抗坏血酸为氧化型而无法滴定。另外,如样品中有较多亚铁离子(Fe^{2+})时,也可使染料还原而影响测定,这时应改用 8%乙酸溶液制备样品提取液。

(4)样品提取液定容时若泡沫过多,可加几滴辛醇或丁醇消除泡沫。

(5)市售 2,6-二氯酚靛酚质量不一,以标定 0.4 mg 抗坏血酸消耗 2 mL 左右的染料为宜，可根据标定结果调整染料浓度。

（6）样品提取液制备和滴定过程中，要避免阳光照射以及与铜、铁器具接触，以免抗坏血酸被破坏。

（7）滴定过程宜迅速，一般不超过 2 min，样品滴定消耗染料 1~4 mL 为宜，如超出此范围，应增加或减少样品提取液用量。

实验 4 【脂类】血清总脂的测定

一、实验原理

血清总脂指血清中各种脂质的总和，包括脂肪、磷脂、胆固醇、胆固醇酯等。测定血清总脂的方法有称量法、比色法、染色法等，本实验采用的香草醛法属于常用的比色法。

血清中的脂质化合物，尤其是不饱和脂质化合物与浓硫酸共热，经水解后生成碳正离子。试剂中的香草醛与浓磷酸的羟基作用生成芳香族的磷酸酯，由于改变了香草醛分子中的电子分配，使醛基变成活泼的羰基，此羰基可与碳正离子起反应，生成红色的醌类化合物，其显色强度与碳正离子多少成正比。

香草醛法测定血清总脂用胆固醇作标准溶液，测定比较接近实际情况，而且方法简单，所以临床多用此方法进行血清总脂测定。但显色反应时不饱和脂质化合物比饱和脂质化合物显色强，而血清中不饱和脂质化合物与饱和脂质化合物的比例约为 7 : 3，所以比色法测定的结果不如称量法准确。反应式如下：

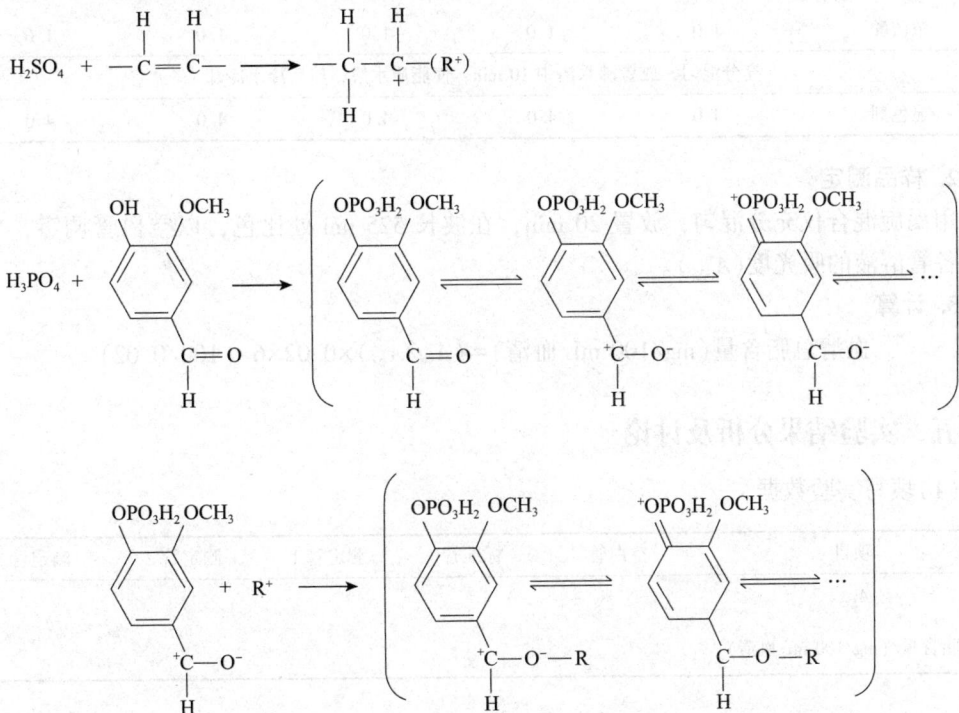

二、实验材料

1. 材料

动物血清。

2. 化学药品或试剂

(1)胆固醇标准溶液(6.0 mg/mL):精确称取纯胆固醇 600 mg,溶于无水乙醇并定容至 100 mL。

(2)显色剂:先配制 0.6%香草醛水溶液 200 mL,再加入浓磷酸 800 mL,贮于棕色瓶中可保存约 6 个月。

(3)其他:浓硫酸(含量 95%以上)、浓磷酸(含量 85%以上)。

三、实验器材

具塞试管(25 mL),移液管(1 mL、5 mL),水浴锅,涡旋混合仪,分光光度计。

四、操作步骤

1. 显色反应

取洁净具塞试管 5 支,编号后按表 1-4-1 依次加入试剂。

表 1-4-1 显色反应试剂组成

试剂/mL	空白管	标准管	测定管 1	测定管 2	测定管 3
血清	—	—	0.02	0.02	0.02
胆固醇标准溶液	—	0.02	—	—	—
浓硫酸	1.0	1.0	1.0	1.0	1.0
充分混匀,放置沸水浴中 10 min,使脂质水解,然后冷水冷却					
显色剂	4.0	4.0	4.0	4.0	4.0

2. 样品测定

用涡旋混合仪充分混匀,放置 20 min,在波长 525 nm 处比色,以空白管调零,分别测定各管溶液的吸光度(A_{525})。

3. 计算

$$血清总脂含量(mg/100 \text{ mL 血清}) = (A_{测}/A_{标}) \times 0.02 \times 6 \times (100/0.02)$$

五、实验结果分析及讨论

(1)填写实验数据。

项目	空白管	标准管	测定管 1	测定管 2	测定管 3
A_{525}					
总脂含量/(mg/100 mL 血清)					

（2）加入显色剂后放置 20 min 的目的是什么？

（3）何谓总脂？测定总脂有何意义？

（4）血脂的来源有哪些？高血脂有什么危害？

（5）香草醛法测定血清总脂的原理是什么？

六、注意事项

浓酸的使用过程中需要注意移取速度，速度过快会导致其附着于管壁造成残留而产生误差。

实验 5 【脂类】索式抽提法测定粗脂肪的含量（残余法）

一、实验原理

存在于动物及许多植物的种子和果实中的脂肪、游离脂肪酸、磷脂、蜡、固醇、色素、甾醇及芳香油等，可以统称为粗脂肪。粗脂肪含量的测定对于油料作物的良种繁育和品质评价具有重要意义。

对于粗脂肪的测定，目前国内外普遍采用抽提法，其中索氏抽提法是公认的经典方法。该方法采用沸点较低的有机溶剂（如乙醚或石油醚）在索氏提取器中通过反复抽提，将样品中的粗脂肪抽取出来，然后用重量法进行测定。常用来提取脂肪的溶剂有乙醚、石油醚、苯、三氯甲烷等。

利用索氏提取器采用重量法进行测定时，又分为残余法和油重法两种。残余法是使脂肪全部溶解于有机溶剂后，取出样品烘干至恒重，直接称重，样品所减少的质量即为粗脂肪的含量。相比于油重法，残余法测定速度快，几个样品可共用一套装置，测定也有相当的准确性。本实验采用残余法进行测定，适合于大量样品粗脂肪的测定。

二、实验材料

1. 材料

大豆。

2. 化学药品或试剂

无水乙醚。

三、实验器材

索氏提取器，电子天平，烘箱，样品筛（40 目），滤纸，铅笔，培养皿，干燥器，称量瓶，长镊子，量筒，恒温水浴锅。

四、操作步骤

1. 样品的制备

称取 15.0 g 大豆，在 80℃烘箱中烘干约 2 h，粉碎机粉碎后过 40 目筛，装入磨口瓶中备用。

2. 滤纸包烘干称重

将滤纸裁剪成 8 cm×8 cm 大小，叠成一边不封口的滤纸包，用铅笔编写序号，按顺序排列在培养皿中，每个平皿中不多于 20 包。将盛有滤纸包的培养皿置于烘箱中，105℃±2℃ 干燥 2 h。干燥后，取出并放入干燥器中冷却 45~60 min 至室温。按顺序将各个滤纸包放入同一称量瓶中称重（记作 W_a），称量时室内相对湿度必须低于 70%。

3. 样品处理

称取 3.0~5.0 g 粉碎后的样品装入滤纸包中，封好滤纸包并排列在平皿中，放入 105℃±2℃ 的烘箱中干燥 3 h。然后，移至干燥器中冷却至室温。按顺序号依次在原称量瓶中称重（记作 W_b）。

4. 抽提

将装有样品的滤纸包用长镊子放入抽提筒中，注入一次虹吸量的 1.67 倍的无水乙醚（25~30 mL），使滤纸包完全浸在乙醚中。连接好抽提器各部分，接通冷凝水，在恒温水浴中进行抽提，调节水温至 60~70℃，使冷凝滴下的乙醚呈连珠状（120~150 滴/min 或回流 7 次/h 以上），抽提至抽取筒内的乙醚用滤纸点滴检查无油迹为止（需 6~12 h）。抽提完毕后，用长镊子取出滤纸包，在通风橱内使乙醚挥发（抽提室温以 12~25℃ 为宜）。提取瓶中的乙醚另行回收。

5. 称重

待乙醚挥发之后，将滤纸包置于烘箱中，105℃±2℃ 干燥 2 h，放入干燥器冷却至恒重（记作 W_c）。

$$粗脂肪含量（\%）=\frac{W_b-W_c}{W_b-W_a}\times100$$

式中　W_a——称量瓶加滤纸包质量（g）；

　　　W_b——称量瓶加滤纸包和烘干样质量（g）；

　　　W_c——称量瓶加滤纸包和抽提后烘干残渣质量（g）。

五、实验结果及分析讨论

（1）计算样品中的脂肪含量。

（2）测定过程中为什么需要对样品、抽提器、抽提用有机溶剂都要进行脱水处理？

（3）在实验过程中安全使用乙醚应注意哪些问题？

（4）测定对粉碎后样品颗粒粗细有什么要求？

（5）试述残余法的优缺点。

六、注意事项

（1）水分的存在会影响实验结果的准确性。

（2）烘干过程中称量瓶的盖子需要打开。

（3）转移冷却及称重的操作过程中要尽可能迅速，避免样品吸收水分。

（4）抽提过程中要避免存在明火，同时要保持环境通风良好。

实验 6　【脂类】油料作物种子中粗脂肪的提取及含量测定（油重法）

一、实验原理

脂类是一类不易溶于水而易溶于非极性溶剂的生物大分子。对大多数脂类而言，其化学本质是脂肪酸和醇所形成的酯类及其衍生物。根据不同脂类的结构、性质差异，常选用不同的有机溶剂对它们进行分离提取。因此，可采用不同的方法（如重量法、比色法等）对其进行定量测定。由于脂肪酸是脂类的主要结构组分，且多为四碳以上的链状一元羧酸，在不同脂中，脂肪酸碳链的长短不一，其饱和程度也不同。脂肪酸可以发生氧化和过氧化反应，不饱和脂肪酸在双键处还可以发生加成和氢化等反应。这些都直接影响油脂的品质，是油脂品质分析的依据。粗脂肪是脂类混合物的统称，常用来提取脂肪的溶剂有乙醚、石油醚、苯、三氯甲烷等，在索氏提取器中，通过反复抽提，把粗脂肪抽取出来，然后用重量法进行定量测定。

用重量法进行测定时，又分为油重法和残余法两种。油重法是使脂肪全部溶解在有机溶剂中，然后加热除去有机溶剂，直接称取油重，即为粗脂肪含量。两种方法相比，油重法测定结果准确、稳定，是国家标准方法，但相对费时，一个样品就需要一套装置，不适合于大批样品的分析。油重法沿用已久，且被广泛采用，目前的仲裁仍以油重法为准。本实验采用油重法进行测定。

二、实验材料

1. 材料

花生种子。

2. 化学药品或试剂

（1）无水乙醚（沸程 35~45℃）。

（2）其他：沸石。

三、实验器材

电子天平，手术刀，样品筛（40 目），烘箱，干燥器，研钵，取样勺，滤纸，索氏提取器，恒温水浴锅。

四、操作步骤

1. 样品处理

称取 30.0 g 干燥花生种子，切碎，称取 4.000 g 切碎样品两份，一份样品于 105℃ ± 2℃烘箱中干燥 1 h，取出，放入干燥器中冷却至室温备用。烘干期间注意避免过热，如过热会使脂肪氧化或者与蛋白质及碳水化合物形成结合态，从而无法用乙醚进行浸提。另一份样品用于测定水分。

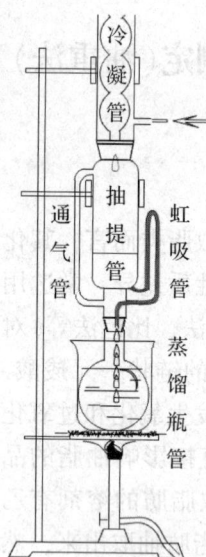

图 1-6-1　索氏提取器

2. 称重

4.000 g 切碎样品干燥后，置于研钵中研磨，必要时可以加石英砂助研，用取样勺转移至滤纸筒内，用少量脱脂棉蘸少许乙醚擦净研钵、研磨棒和取样勺上的样品和油迹，然后将脱脂棉一并放入滤纸筒内。

3. 索氏提取器的准备

将索氏提取器洗净烘干，将其中的蒸馏瓶烘至恒重，并称重(精确至 0.001 g)，在蒸馏瓶中加入约 1/2 容积的无水乙醚及 3 粒沸石，将装有样品的滤纸筒放入抽提管内(图 1-6-1)。

4. 提取

将蒸馏瓶置于 80℃ 的水浴中，开通冷凝水，使回流管回流的乙醚滴速保持 180 滴/min，提取 8 h 左右(以抽提管中的乙醚用滤纸检查无油迹为止)。

5. 除去乙醚

提取完毕后，从抽提管中取出滤纸筒，连接好提取器，在水浴上蒸馏回收蒸馏瓶内的乙醚。取下蒸馏瓶，在沸水浴上蒸去残留的乙醚，以留下粗脂肪。

6. 干燥称重

将含有粗脂肪的蒸馏瓶置于 105℃±2℃ 烘箱中烘干 1 h，在干燥器中冷却至室温后称重(精确至 0.001 g)，再烘干 30 min，冷却，称重，直至恒重。蒸馏瓶所增加的质量即为粗脂肪质量。

7. 含水量测定

因乙醚可饱和 2% 的水分，样品含水会导致抽提效率降低，不利于乙醚浸提。因此，样品在称重前必须烘至恒重，且必须使用无水乙醚浸提。步骤 1 中测定水分的样品，放入经 105℃ 烘干的称量瓶中称重后，将装有样品的称量瓶放入 105℃±2℃ 的烘箱中烘干 1 h，取出后放入干燥器冷却至室温称重。如此反复烘干至恒重为止。样品含水量的计算：

$$样品含水量(\%) = \frac{烘干前样品质量 - 烘干后样品质量}{烘干前样品质量} \times 100$$

8. 计算得率

样品粗脂肪的含量计算如下：

$$干样粗脂肪含量(\%) = \frac{粗脂肪含量}{烘干前样品质量 \times (1-含水量)} \times 100$$

五、实验结果及分析讨论

(1)计算样品中粗脂肪的含量。

(2)在油料作物种子的抽提过程中，有哪些注意事项需要严格遵守？为什么？

(3)请简述油重法的优缺点。

(4)如何保证油脂的提取率？

六、注意事项

抽提及称重环节务必保障彻底和精准，否则会影响测定数据的准确性。

实验7 【糖类】血液葡萄糖含量的测定（Folin-Wu法）

一、实验原理

葡萄糖是一种多羟基的醛化合物，其醛基具有还原性，在加热条件下能使碱性铜试剂中的 Cu^{2+} 还原为红黄色的氧化亚铜沉淀，而葡萄糖中的醛基则被氧化为羧基。另外，氧化亚铜又可使磷钼酸还原成蓝色的钼蓝。在一定范围内，反应后的蓝色的深浅与溶液中葡萄糖的浓度成正比，故可用比色法测定钼蓝的吸光度来测定葡萄糖的浓度。

$$3Cu_2O+2MoO_3 \longrightarrow 6CuO+Mo_2O_3$$

血糖即血液中存在的葡萄糖。由于血液中成分复杂，尤其是存在各种蛋白质，它们对血糖的测定会造成干扰。因此，测定血糖含量时应先除去血液中的蛋白质，制成无蛋白滤液，再进行测定。除蛋白常用钨酸法，因钨酸钠与硫酸作用生成钨酸，可使血红蛋白等凝固、沉淀。通过离心或过滤即得到无蛋白滤液。

$$Na_2WO_4+H_2SO_4 \longrightarrow H_2WO_4+Na_2SO_4$$

在测定过程中，为了防止空气中的氧对 Cu_2O 的氧化，造成测定结果误差，因此在实验中应采用特制的 Folin-Wu 式血糖管，这样可以尽量减少与空气的接触。

二、实验材料

1. 材料

鸡或兔。

2. 化学药品或试剂

（1）10%钨酸钠溶液：称取 10.0 g 钨酸钠，用双蒸水溶解后定容至 100 mL。

（2）标准葡萄糖溶液（0.1 mg/mL）：称取 1.000 g 无水葡萄糖，用 0.25%苯甲酸溶液溶解后定容至 1 000 mL，制成浓度为 1.0 mg/mL 母液，可长期保存使用。使用时用双蒸水稀释，配成 0.1 mg/mL 标准葡萄糖溶液。

（3）碱性铜试剂：分别称取 40.0 g 无水碳酸钠、7.5 g 酒石酸、4.5 g 硫酸铜结晶，用双蒸水溶解后混合，定容至 1 000 mL。本试剂于室温下可长期保存使用，若有沉淀产生，应过滤后再使用。

（4）磷钼酸试剂：称取 70.0 g 钼酸、10.0 g 钨酸钠，取 400 mL 10%氢氧化钠及 400 mL 双蒸水，于烧杯中混合加热 20~40 min（以除去可能夹杂于钼酸中的氨）。冷却后加入 250 mL 85%磷酸，混匀后定容至 1 000 mL。

（5）0.25%苯甲酸溶液：称取 2.5 g 苯甲酸溶于约 800 mL 双蒸水中，加热助溶，冷却后加双蒸水定容至 1 000 mL。

（6）1/3 mol/L 硫酸溶液：取 1 mL 浓硫酸溶于 53 mL 双蒸水中。

（7）其他：草酸钾。

三、实验器材

电子天平，容量瓶（100 mL、1 000 mL），量筒，移液管（1 mL、2 mL、10 mL），剪刀，试管，奥氏吸量管（0.5 mL），小漏斗，滤纸，Folin-Wu 式血糖管（25 mL），分光光度计，水浴锅。

四、操作步骤

1. 制备无蛋白滤液

杀鸡或兔取血后立即按每升血液 2.0 g 的量加入草酸钾，以制备抗凝血。于一支试管中加入 7.5 mL 双蒸水。再用奥氏吸量管量取 0.5 mL 抗凝血，小心擦去管外血液后，置于试管底部缓缓放出血液。吸取试管内双蒸水反复吹吸数次后，充分摇匀，使血液完全溶血。注意不要使血液黏附于奥氏吸量管壁。加入 1 mL 1/3 mol/L 硫酸溶液，边加边摇，摇匀后放置 5 min。再加入 1 mL 10% 钨酸钠溶液，边加边摇，摇匀后放置 5 min。过滤，收集滤液备用。若滤液不清，应重新过滤直至滤液澄清为止。此时，所制得的滤液为 20 倍稀释的无蛋白血滤液，即每毫升血滤液相当于含血 0.05 mL。

2. 血糖的测定

取 3 支血糖管，按表 1-7-1 进行编号操作，测定管设置至少 3 个重复。

表 1-7-1　血糖测定试剂组成及反应过程

试剂/mL	血糖管编号		
	空白管	标准管	测定管
双蒸水	2.0		
无蛋白血滤液			2.0
0.1 mg/mL 标准葡萄糖溶液		2.0	
碱性铜试剂	2.0	2.0	2.0
混匀，沸水浴中煮 8 min，勿摇动，取出后流水冷却			
磷钼酸试剂	2.0	2.0	2.0
双蒸水	19.0	19.0	19.0

充分混匀，用分光光度计测定 A_{420}。

3. 血糖含量计算

$$血液葡萄糖含量（mg/100\ mL）= \frac{A_测}{A_标} \times 标准葡萄糖浓度（mg/mL） \times \frac{100}{0.1}$$

式中　0.1——2 mL 血滤液相当于 0.1 mL 血液。

五、实验结果及分析讨论

（1）根据公式计算出血糖的含量。

（2）血糖的反应为什么要在 Folin-Wu 式血糖管中进行？

(3)血液无蛋白血滤液应为无色清液，如果有颜色，其原因是什么？如何处理？

(4)血糖水平的高低受哪些因素影响？

六、注意事项

(1)过滤时应于漏斗上盖一表面皿，防止水分蒸发。

(2)所用试管、漏斗均需干燥。

实验8 【糖类】肝糖原的提取及鉴定

一、实验原理

肝糖原是糖在体内的重要储存形式之一，在代谢过程中，它是动物体内糖的重要来源之一。肝糖原的合成或分解对血糖浓度的调节起着重要的作用。

糖原在浓碱溶液中稳定，将肝脏组织先置于浓碱中加热，可使蛋白质及其他成分分解而保留肝糖原。浓硫酸可使糖原脱水生成糠醛衍生物，后者再和蒽酮作用形成蓝绿色化合物，该化合物在波长 620 nm 处有最大吸收，且在 10~100 μg 其产物颜色的深浅与糖的含量成正比，因此，可通过分光光度法测定糖原的含量。

二、实验材料

1. 材料

小鼠肝脏。

2. 化学药品或试剂

(1)0.9%氯化钠溶液：称取 0.9 g 氯化钠溶于 100 mL 双蒸水中。

(2)30%氢氧化钾溶液：称取 30.0 g 氢氧化钾溶于 100 mL 双蒸水中。

(3)蒽酮试剂：称取 0.2 g 蒽酮、1.0 g 硫脲，溶解于 100 mL 浓硫酸中，冷却后备用，贮于棕色瓶中。临用时配制。

(4)标准葡萄糖贮备液：称取 100 mg 葡萄糖，加双蒸水定容至 100 mL，制成 1.0 mg/mL 溶液(可加几滴甲苯作防腐剂)。

(5)标准葡萄糖工作液：吸取 10 mL 标准葡萄糖贮备液置于 100 mL 容量瓶中，加双蒸水定容至 100 mL，制成 100 μg/mL 溶液。

三、实验器材

电子天平，剪刀，洗瓶，镊子，滤纸，试管(25 mL)，电炉，具塞试管(10 mL)，容量瓶(50 mL、100 mL)，冰盒，分光光度计。

四、操作步骤

1. 肝糖原的提取

脱颈处死小鼠，立即取出肝脏，用 0.9% 氯化钠溶液洗去血液并用滤纸吸干，准确称取 1.0 g 肝脏组织, 放入装有 3 mL 30%氢氧化钾溶液的试管中, 放入沸水浴中反应 20 min, 取出后冷却, 将试管内容物全部转移至 50 mL 容量瓶中, 试管用水多次清洗, 洗液全部收入容量瓶, 加水定容至刻度, 混匀后备用。

2. 标准曲线制作

取 7 支具塞试管, 编号, 按表 1-8-1 加入试剂。

表 1-8-1　标准曲线反应试剂组成

试剂	试管编号						
	1	2	3	4	5	6	7
标准葡萄糖工作液/mL	0	0.1	0.2	0.4	0.6	0.8	1.0
双蒸水/mL	1.0	0.9	0.8	0.6	0.4	0.2	0
蒽酮试剂/mL	3	3	3	3	3	3	3
葡萄糖含量/(μg/管)	0	10	20	40	60	80	100

蒽酮试剂加入后, 迅速放入冰盒中冷却, 待所有试管加完后, 一同放入沸水浴中加热 10 min, 取出后置于冰水浴中迅速冷却, 暗处放置 20 min, 在波长 620 nm 处比色, 以 1 号试管溶液调零, 测定各管吸光度。以葡萄糖含量为横坐标, 吸光度 A_{620} 为纵坐标, 绘制标准曲线。

3. 样品测定

取 3 支具塞试管, 分别加入 1 mL 待测样品溶液、3 mL 蒽酮试剂, 其余操作与标准曲线操作相同。测其吸光度, 对照标准曲线, 求得肝糖原含量。

五、实验结果及分析讨论

(1)填写实验数据。

项目	1	2	3	4	5	6	7	样1	样2	样3
A_{620}										
糖含量/(μg/管)										

(2)绘制标准曲线。

(3)计算肝脏中糖原含量。

(4)如果样品与蒽酮试剂反应后的吸光度大于第 7 管, 应如何处理? 为什么?

(5)肝糖原提取过程中应注意什么?

六、注意事项

肝脏需要清洗干净, 避免血液残留影响实验结果。

实验9　【糖类】荞麦籽粒中还原糖和总糖的测定
（3,5-二硝基水杨酸法）

一、实验原理

还原糖是指含有自由醛基或酮基的糖类，单糖均是还原性糖，而双糖和多糖则不一定是还原糖，如乳糖和麦芽糖是还原糖。利用酸水解非还原性的双糖和多糖得到具有还原性的单糖，再经还原糖测定，即可推算出样品中总糖和还原糖的含量。

实验9　视频

还原糖与3,5-二硝基水杨酸共热被还原成棕红色的氨基化合物，该化合物在波长540 nm处有最大吸收，在一定浓度范围内，还原糖的量和反应液的颜色深浅成正比，即可通过比色法测得糖的含量。

二、实验材料

1. 材料

荞麦籽粒。

2. 化学药品或试剂

（1）3,5-二硝基水杨酸（DNS）试剂：6.3 g DNS和2 mol/L氢氧化钠262 mL，加到500 mL含有182 g酒石酸钾钠的热水溶液中，再加5 g重蒸酚和5 g亚硫酸钠，搅拌溶液，冷却后加水定容至1 000 mL，贮于棕色瓶中。

（2）1 000 μg/mL葡萄糖标准溶液：准确称取干燥恒重的葡萄糖1.0 g，加少量水溶解后再加8 mL浓盐酸（防止微生物生长），以双蒸水定容至1 000 mL。

（3）6 mol/L盐酸：取500 mL浓盐酸，用双蒸水定容至1 000 mL。

（4）6 mol/L氢氧化钠：取240 g氢氧化钠溶于适量双蒸水中，定容至1 000 mL。

三、实验器材

电子天平，称量纸，研钵，离心管（10 mL、50 mL），离心机，胶头滴管，试管（25 mL），三角瓶，恒温水浴锅，pH计，容量瓶（100 mL），分光光度计。

四、操作步骤

1. 荞麦籽粒中还原糖的提取

称取0.4 g荞麦籽粒，捣碎并研磨成粉，转移至10 mL离心管中。向离心管中加入6 mL双蒸水，振荡混匀。将离心管置于50℃水浴，保温30 min，进行还原糖的提取，每隔5 min振荡一次。保温处理后，4 000 r/min离心5 min。上清液转移至一个新的10 mL离心管中，沉淀备用。向沉淀中加入4 mL双蒸水，振荡混匀，4 000 r/min离心5 min。离心获得的上清液合并至10 mL离心管中，两次的上清液定容至100 mL容量瓶中，作为还原糖待测液。

2. 荞麦籽粒中总糖的提取

称取0.4 g荞麦籽粒，捣碎并研磨成粉，转移至50 mL离心管中。向离心管中加入6 mol/L盐酸10 mL、双蒸水15 mL，沸水浴加热30 min，冷却后以6 mol/L氢氧化钠调pH

至 7，用双蒸水定容至 100 mL，过滤。取滤液 10 mL 于 100 mL 容量瓶内，再用双蒸水定容至 100 mL，作为总糖待测液。

3. 葡萄糖标准曲线制作

取 6 支试管，编号，按照表 1-9-1 进行反应，使用分光光度计测定 A_{540}，以葡萄糖含量（μg）为横坐标，A_{540} 为纵坐标，绘制标准曲线。

表 1-9-1　葡萄糖标准曲线溶液配制

试剂	试管编号					
	1	2	3	4	5	6
标准葡萄糖溶液/mL	0	0.1	0.2	0.3	0.4	0.5
双蒸水/mL	0.5	0.4	0.3	0.2	0.1	0
DNS 试剂/mL	0.5	0.5	0.5	0.5	0.5	0.5
沸水浴中加热 5 min 后，流水冷却						
双蒸水/mL	4	4	4	4	4	4
A_{540}						

4. 还原糖、总糖的测定和计算

取 7 支试管，编号，分别加入 1 mL 双蒸水、还原糖待测液（3 支）和总糖待测液（3 支），按表 1-9-2 进行反应。然后，用分光光度计测定 540 nm 处的吸收值。

表 1-9-2　样品中还原糖和总糖的测定

试剂	试管编号						
	1	2	3	4	5	6	7
还原糖待测液/mL	0	1	1	1	0	0	0
总糖待测液/mL	0	0	0	0	1	1	1
双蒸水/mL	1	0	0	0	0	0	0
DNS 试剂/mL	0.5	0.5	0.5	0.5	0.5	0.5	0.5
沸水浴中加热 5 min 后冷却							
双蒸水/mL	3.5	3.5	3.5	3.5	3.5	3.5	3.5
A_{540}							
样品中还原糖和总糖含量/(μg/mL)							

将样品所测得的 A_{540} 值，在标准曲线上查出相应的还原糖量，并按下式计算出荞麦籽粒中还原糖和总糖的百分含量。

$$还原糖(\%) = \frac{还原糖含量 \times 还原糖待测液体积 \times 100}{样品质量}$$

$$总糖(\%) = \frac{总糖待测液中还原糖含量 \times 总糖待测液体积 \times 0.9 \times 100}{样品质量}$$

式中　0.9——扣除总糖水解为单糖时所消耗的水量。

五、实验结果及分析讨论

(1) 计算样品中还原糖和总糖的含量。

(2) 你还知道其他测定植物组织中还原糖含量的方法吗？与本方法比较有何优缺点？

(3) 你还知道其他测定植物组织中总糖含量的方法吗？与本方法比较有何优缺点？

六、注意事项

总糖提取时要确保水解彻底，必要时，可以使用碘液检测水解效果。

实验 10 【糖类】植物活性多糖的提取、纯化和含量测定

一、实验原理

植物多糖是一类由醛糖或酮糖通过糖苷键连接而成的天然高分子多聚物，它是生物体内重要的生物大分子，是维持生命活动正常运转的基本物质之一。按其功能分为：结构多糖(不溶于水，如植物的纤维素和动物的壳多糖)，储存多糖(如淀粉和糖原)，功能多糖(如黏多糖)。大多数植物多糖是极性大分子化合物，在水中的溶解度很大，能形成胶体，无甜味，一般不能形成结晶，且无还原性。不溶于甲醇、乙醇、丙酮等有机溶剂，具有吸湿性。所以，大多数植物多糖的提取常先采用热水或稀碱浸提、后使用乙醇沉淀进行分离。

通常，上述方法提取到的植物多糖均含有许多杂质，如蛋白质、色素、脂类等。因此，必须进行严格的除杂方能纯化。依据多糖溶于水、相对分子质量通常较大且具有极性等特性，植物多糖常用纯化方法有透析法、凝胶层析法及重结晶法。蛋白质类杂质的去除方法有三氯乙酸法、等电点法、酶法、Sevage 法等，其中 Sevage 法因反应温和，不会损失过多的糖，是常见的蛋白质去除法。这种方法根据蛋白质在三氯甲烷等有机溶剂中变性沉淀的特点，可通过离心分离，达到去除蛋白质的目的。粗多糖中的色素，一般用大孔树脂柱层析法、活性炭吸附法等去除，还可以借助具有氧化性的试剂破坏色素。为进一步得到纯化多糖，可将经过除杂步骤后得到的植物多糖采用高效液相色谱法(HPLC)、透析法、葡聚糖凝胶、琼脂糖凝胶及纤维素 DEAE-52 柱层析法进行进一步纯化。

本实验中将采用琼脂糖凝胶柱层析法分离多糖，该法属于凝胶层析的一种。它是利用 4% 的琼脂糖制备成的球形颗粒作为凝胶层析介质。该介质聚合物具有主体多糖网状结构，其网孔大小由琼脂糖浓度控制，浓度越大，交联度越大，网状结构越致密，网孔孔径越小，只有相应的小分子可以通过，适于分离小分子物质；相反，浓度越小，交联度越小，网状结构越疏松，网孔的孔径越大，适于分离大分子物质。凝胶层析具有分子筛效应，由于被分离多糖的分子大小(直径)和形状不同，洗脱时，大分子物质由于直径大于凝胶网孔不能进入凝胶内部，只能沿着凝胶颗粒间的孔隙随溶剂向下移动，因此流程短，首先流出层析柱。而小分子物质，由于直径小于凝胶网孔能自由进出胶粒网孔，使之洗脱时移动路径增长，移动速度慢而后流出层析柱。因此，可达到分离多糖的目的。琼脂糖凝胶介质具有非特异性吸附低、回收率高、可多次重复使用等特点，可以用于相对分子质量差异大、对分辨率要求不高的样品的凝胶层析纯化。

多糖的测定常采用苯酚-硫酸法，其原理为：多糖在浓硫酸作用下，可水解为单糖，并迅速脱水生成糠醛或羟甲基糠醛等衍生物，该生成物能进一步与苯酚缩合成一种橙红色或棕黄色化合物，在波长 490 nm 处(戊糖和糠醛酸在波长 480 nm 处)有最大吸收峰，在 10~100 μg 其颜色深浅与多糖含量成正比。该方法具有简单、快速、灵敏度高、颜色稳定等特点。

研究显示，多糖具有丰富的生理功能，如香菇多糖可降低胆固醇、抑制转氨酶活性、

抗辐射等。因此，提取和测定植物多糖在医药、食品等方面具有重要的现实意义。

二、实验材料

1. 材料

山药。

2. 化学药品或试剂

(1)6%苯酚溶液：准确称取6.0 g苯酚晶体加入100 mL双蒸水，充分溶解后，置于棕色瓶中贮存。

(2)Sevage试剂：三氯甲烷∶正丁醇＝4∶1(V∶V)。

(3)标准葡萄糖溶液(0.1 mg/mL)：精准称取100 mg 105℃干燥恒重的葡萄糖，溶解定容于1 000 mL的容量瓶中，摇匀。

(4)其他：活性炭、琼脂糖4B凝胶、无水乙醇、20%乙醇溶液、浓硫酸、双蒸水、超纯水。

三、实验器材

电子天平，小刀，烘箱，粉碎机，样品筛(30目)，烧杯，恒温磁力搅拌水浴锅，离心机，旋转蒸发仪，冰箱，冷冻干燥仪，层析柱(1.0 cm×60 cm)，蠕动泵，部分收集器，分光光度计，试管，容量瓶(50 mL)，移液管(1 mL)，锥形瓶(50 mL)，水系滤膜(0.22 μm)。

四、操作步骤

1. 材料预处理

称取500.0 g新鲜山药，用小刀去除外皮，切成小片后，于60℃烘箱中烘干(约8 h)，取出，打碎成粉，过30目筛，装袋后备用。

2. 粗多糖的提取

准确称取200.0 g过筛的山药粉末于烧杯中，加入1 000 mL双蒸水，混匀，然后将烧杯置于恒温磁力搅拌水浴锅中，设置提取温度为70℃、提取时间为2.5 h，收集提取液，5 000 r/min离心20 min，取上清液，并将上清液旋蒸浓缩至100 mL，然后按比例加入无水乙醇(浓缩液∶无水乙醇＝1∶4)，置于4℃冰箱中12 h，离心收集沉淀，并将其溶解到少量双蒸水中，冷冻干燥。

3. 粗多糖中蛋白的脱除

将冷冻干燥的粗多糖用少量双蒸水复溶后加入Sevage试剂以5∶1混合后，剧烈振摇5~10 min，蛋白质变性生成凝胶状，5 000 r/min离心10 min，收集上清液，除去中间层的变性蛋白。重复2次至无明显残留。

4. 多糖的脱色纯化

将脱除蛋白的初纯多糖溶液置于烧杯中，加入活性炭(固液比为1∶5)进行脱色，在80℃水溶下脱色1 h，期间每隔10 min搅拌1次，然后将上清液醇沉静置过夜，离心，收集沉淀，冷冻干燥，称重，得到脱除色素的多糖。

5. 多糖的琼脂糖 4B 凝胶柱层析

将上述干燥后的沉淀物用适量双蒸水溶解，离心，取上清液用琼脂糖 4B 凝胶柱层析，进行分离纯化。

(1)琼脂糖 4B 凝胶预处理：根据层析柱大小，称取一定量的凝胶(约 10.0 g)，用超纯水重复清洗除掉乙醇，超声振荡脱气，用超纯水 1∶3 的比例配成凝胶溶液，充分浸泡 48 h。

(2)装柱：将玻璃柱洗净后垂直安装于支架上，向层析柱底部缓慢加入少量超纯水(约 10 mL)，打开下端阀门让超纯水慢慢滴出。同时，缓慢将凝胶溶液用玻璃棒引流入层析柱内，并防止气泡产生。控制出液口流速，使凝胶在柱内自由沉降，装柱时注意均匀，并保持凝胶柱上端平整。待液面离琼脂糖凝胶沉降面 1 cm 左右时，关闭下端阀门。

(3)柱平衡：控制蠕动泵的速度，让超纯水以固定流速流过层析柱，平衡 15~30 min。

(4)样品的制备及纯化：将步骤 4 中的多糖，利用超纯水配制成 20 mg/mL 多糖溶液，上清液过 0.22 μm 水系滤膜，得初步纯化多糖样品溶液。将层析柱中的超纯水逐渐放出，使顶部液面接近于胶平面时，取 1.5 mL 上述样液，沿层析柱壁均匀环绕加入层析柱中，待样品刚好全部进入胶平面后，加适量超纯水形成约 2 cm 高的缓冲层。然后，用超纯水进行洗脱，流速设置为 0.5 mL/min，每 6 min 收集一管，然后用苯酚-硫酸法检测各管吸光度。以收集管数为横坐标，各管吸光度 A_{490} 为纵坐标，绘制山药多糖的洗脱曲线。根据曲线将洗脱峰对应管进行合并收集，低温冷冻干燥，得纯化后多糖组分。

(5)凝胶的回收：实验结束后，将凝胶用双蒸水反复漂洗至中性，浸泡于 20% 乙醇溶液中，于 4℃ 保存。

6. 多糖含量测定

(1)标准曲线绘制：精准吸取标准葡萄糖溶液 0 mL、0.2 mL、0.4 mL、0.6 mL、0.8 mL、1.0 mL 用双蒸水补充至 2.0 mL，加入 1 mL 6%苯酚溶液，摇匀，然后加入 5 mL 浓硫酸(表 1-10-1)，于室温下静置 30 min。以 2 mL 双蒸水的处理作为空白调零，于波长 490 nm 处测定吸光度，以糖含量为横坐标，吸光度 A_{490} 为纵坐标，绘制标准曲线，并求得回归方程。

表 1-10-1　标准曲线反应试剂组成

试剂	试管编号					
	1	2	3	4	5	6
标准葡萄糖溶液/mL	0	0.2	0.4	0.6	0.8	1.0
双蒸水/mL	2.0	1.8	1.6	1.4	1.2	1.0
6%苯酚溶液/mL	1	1	1	1	1	1
浓硫酸/mL	5.0	5.0	5.0	5.0	5.0	5.0
葡萄糖含量/(μg/管)	0	20	40	60	80	100
A_{490}						

(2)样品多糖含量的测定及计算：将步骤 5 中纯化得到的山药多糖用双蒸水溶解后，定容于 50 mL 容量瓶中，准确吸取 1 mL，按标准曲线制作中的方法进行操作，测定波长

490 nm 处的吸光度，利用标准曲线计算多糖含量，重复数至少 3 个。

$$样品含糖含量(\%) = \frac{C \times V_{总} \times D}{W \times V_{测} \times 10^6} \times 100$$

式中 C——山药多糖含量(μg)；

$V_{总}$——样液总体积(mL)；

$V_{测}$——测定时取样体积(mL)；

D——稀释倍数；

W——样品质量(g)；

10^6——单位换算系数(g 换算为 μg)。

五、实验结果及分析讨论

(1)绘制标准曲线，求得线性回归方程。

(2)计算样品中的多糖含量。

(3)该实验中所用到的苯酚、浓硫酸、无水乙醇、三氯甲烷-异戊醇的作用分别是什么？

(4)多糖提取过程中杂质的去除有哪些方法？原理是什么？

(5)从原理上讲，本实验中用到琼脂糖 4B 凝胶层析的原理是什么？属于哪一类层析？

(6)该实验可否用于纤维素等多糖的提取、纯化及含量的测定？

六、注意事项

(1)使用浓硫酸时一定要小心，以防受伤。

(2)苯酚容易氧化，使用完后立即盖上盖子，防止氧化。

实验 11 【酶】血清碱性磷酸酶活力及比活力的测定

一、实验原理

碱性磷酸酶(alkaline phosphatase, AKP)广泛分布于动物的肝脏、骨骼、肠和肾等组织中，在碱性条件下具有较高的活性。该酶对底物的特异性较低，各种磷酸单酯(如对-硝基苯基磷酸二钠、磷酸苯二钠、β-甘油磷酸钠等)均可以作为它的底物被水解为磷酸及各种羟基化合物。酶的活性可以通过检测其分解产物中游离磷酸或羟基化合物在单位时间内的产量而被测定。

实验 11 视频

血清中包含了机体内各种组织来源的碱性磷酸酶。本实验以对-硝基苯基磷酸二钠为底物，测定血清中碱性磷酸酶的总活性。对-硝基苯基磷酸二钠是无色或稍带黄色的结晶固体，经碱性磷酸酶作用，被水解为游离磷酸及对-硝基苯酚。对-硝基苯酚在强碱条件下呈醌式结构而显示亮黄色。

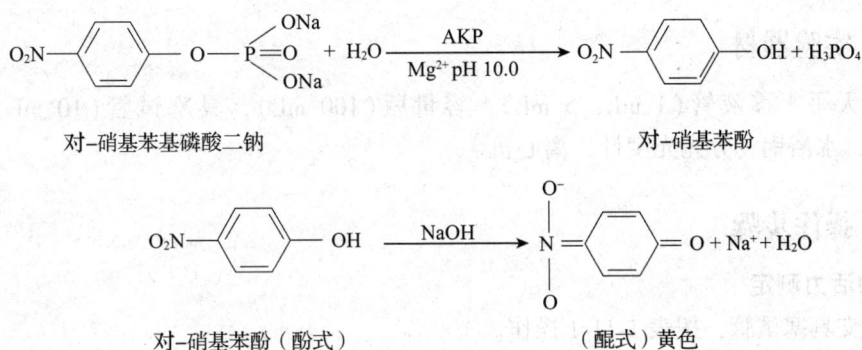

对-硝基苯基磷酸二钠 + H_2O $\xrightarrow[\text{Mg}^{2+}\text{ pH 10.0}]{\text{AKP}}$ 对-硝基苯酚 + H_3PO_4

对-硝基苯酚（酚式） $\xrightarrow{\text{NaOH}}$ （醌式）黄色 + Na^+ + H_2O

在波长 400 nm 处，测得对-硝基苯酚的吸光度，根据已知波长 400 nm 处对-硝基苯酚的摩尔消光系数，计算产生的对-硝基苯酚含量，即可求出血清中碱性磷酸酶的总活性。

考马斯亮蓝 G-250(coomassie brilliant blue G-250)在酸性溶液中呈棕红色，当它与蛋白质结合后则呈蓝色。在一定范围内，溶液在波长 595 nm 处的光吸收值与蛋白质含量成正比，符合比色法测定原理，因此可用于蛋白质的定量测定。本法试剂配制简单，操作简便快捷，灵敏度比 Folin-酚法还高 4 倍，测定范围 1~1 000 μg，而且干扰物质少，蛋白质间的变动也较小，是一种常用的蛋白质快速微量测定方法，本实验采用此法检测血清碱性磷酸酶蛋白的含量。

酶的比活力(specific activity)反映酶的纯度高低，用每毫克酶蛋白具有的酶活力单位数(U/mg)来表示，酶的纯度越高，则酶的比活力也就越高。

二、实验材料

1. 材料

兔血清(使用时可根据情况进行稀释)。

2. 化学药品或试剂

(1)0.1 mol/L pH 10.0 碳酸钠-碳酸氢钠缓冲液：先分别配制 0.1 mol/L 碳酸钠溶液和 0.1 mol/L 碳酸氢钠溶液。然后取 6.0 mL 0.1 mol/L 碳酸钠溶液、4.0 mL 0.1 mol/L 碳酸氢钠溶液，混合，调 pH 至 10.0 即可。

(2)5 mmol/L 对-硝基苯基磷酸二钠溶液：称取 0.185 6 g 对-硝基苯基磷酸二钠(M_r：371.12)，以少量双蒸水溶解，最后定容至 100 mL，混匀即可。此试剂应现用现配，并贮于棕色瓶中。

(3)0.5 mol/L 氢氧化钠溶液：称取 10.0 g 氢氧化钠加水至 500 mL，静置 3 d 后，取上清液使用。

(4)考马斯亮蓝 G-250 溶液：称取 100 mg 考马斯亮蓝 G-250，溶于 50 mL 95%乙醇中，加入 100 mL 85%磷酸溶液，用水定容至 1 000 mL。此试剂常温下可保存 30 d。

(5)标准蛋白质溶液：称取 25 mg 牛血清白蛋白，加水溶解并定容至 100 mL。吸取上述溶液 40 mL，用双蒸水稀释至 100 mL，即为 100 μg/mL 标准蛋白质溶液。

三、实验器材

电子天平，移液管（1 mL、5 mL），容量瓶（100 mL），具塞试管（10 mL），试管（25 mL），水浴锅，分光光度计，离心机。

四、操作步骤

1. 酶活力测定

取 2 支具塞试管，按表 1-11-1 操作。

表 1-11-1   酶活力测定反应体系组成

试剂/mL	试管	
	测定管	空白管
对-硝基苯基磷酸二钠溶液	1.0	1.0
碳酸钠-碳酸氢钠缓冲液	0.9	0.9
30℃水浴保温 3 min		
血清	0.1	—
双蒸水	—	0.1
30℃水浴，准确保温 5 min		
0.5 mol/L 氢氧化钠溶液	1.0	1.0

充分混匀，在波长 400 nm 处用空白管调零点，检测测定管吸光度。

2. 蛋白质标准曲线的制作

取 6 支试管，编号，按表 1-11-2 加入试剂。

表 1-11-2   蛋白质标准曲线反应试剂组成

试剂	试管编号					
	1	2	3	4	5	6
蛋白质标准液/mL	0	0.2	0.4	0.6	0.8	1.0
双蒸水/mL	1.0	0.8	0.6	0.4	0.2	0
考马斯亮蓝 G-250 溶液/mL	5	5	5	5	5	5
蛋白质含量/(μg/管)	0	20	40	60	80	100

混匀时，各管振荡程度应尽量一致。静置 10 min，1 号管试剂调零，测定波长 595 nm 处的吸光度，测定应在 1 h 内完成。以牛血清白蛋白含量（μg/管）为横坐标，吸光度 A_{595} 为纵坐标，绘制标准曲线。

3. 样品中蛋白质含量的测定

另取 3 支试管，分别加入 0.1 mL 样品提取液、0.9 mL 双蒸水和 5 mL 考马斯亮蓝 G-250 溶液，其余操作与标准曲线制作相同，测其吸光度。

五、实验结果及分析讨论

(1)计算酶活力大小。

酶活性单位定义为，在30℃条件下，每分钟产生 1 μmol 对-硝基苯酚所需要的酶量为一个酶活力单位。血清中总酶活力计算如下：

已知波长 400 nm 处对-硝基苯酚的摩尔消光系数(ε)为 18.8×10^3 L/(mol·cm)

$$A = \varepsilon \times C \times L$$

$$C = \frac{A}{\varepsilon \times L}$$

比色杯厚度 $L = 1$ cm，反应的总体积为 3 mL，所以对-硝基苯酚的浓度为：

$$C[\mu mol/(min \cdot mL)] = \frac{A}{18.8 \times 10^3} \times \frac{3}{10^3} \times 10^6 = \frac{A}{18.8} \times 3$$

此产物是 0.1 mL 血清作用 5 min 的总产量。每分钟每毫升的产量为：

$$C[\mu mol/(min \cdot mL)] = \frac{A}{18.8 \times 10^3} \times \frac{1}{0.1} \times \frac{1}{5} = \frac{A}{18.8} \times 6$$

$$比活力 = \frac{酶活力(U/mL)}{蛋白质含量(mg/mL)}$$

(2)绘制蛋白质标准曲线，计算样品蛋白质含量。

(3)计算样品的比活力大小。

(4)酶活力及比活力受到哪些因素影响？实验过程中如何控制？

(5)碱性磷酸酶的活性在什么情况下会发生异常？

六、注意事项

(1)本实验方法也可用于组织提取液碱性磷酸酶的活性测定。

(2)酶作用时间要严格控制，时间一到立即终止反应。作用时间长短可视酶活性强弱而定，以对-硝基苯酚浓度的吸光度在准确读数范围内为准。

(3)酶反应温度应严格控制。

实验12 【酶】猪血超氧化物歧化酶的分离纯化、活力测定及同工酶鉴定

一、实验原理

超氧化物歧化酶(superoxide dismutase，EC 1.15.1.1，SOD)广泛存在于动物、植物和微生物中，是一种能清除超氧阴离子自由基(O_2^-)的金属酶。SOD 能防御细胞因新陈代谢而产生的 O_2^- 及其他过氧化物(如 H_2O_2)对细胞膜系统的损伤，保证细胞正常的生命活动。机体内 O_2^- 的过量或不足均对机体不利，SOD 对过量 O_2^- 的及时清除保证了机体内 O_2^- 的含量相对平衡，对机体起保护作用。因 SOD 具有抗衰老、抗辐射、抗炎和抗癌等多种生物学功能，在医药、化妆品和食品工业等方面具有广泛的应用前景。SOD 催化下述反应：

$$2H^+ + 2O_2^- \longrightarrow H_2O_2 + O_2$$

SOD 按其结合的金属离子的不同，可分为常见的 Mn-SOD、Fe-SOD 和 Cu/Zn-SOD 三种同工酶，此外，还发现有 Ni-SOD 的存在。几种酶活性部位的金属离子与酶蛋白都在催化反应中起着关键作用，但酶的性质和分子结构却有所不同。

任何生物来源的 Mn-SOD 和 Fe-SOD 的一级结构的同源性都很高，但均不同于 Cu/Zn-SOD 的结构。在真核生物中 Mn-SOD 多为四聚体，在原核生物中则为二聚体，大多数的 Fe-SOD 为二聚体，这两种 SOD 的许多性质都很相似。它们的结构特征是活性中心不含半胱氨酸，序列中含有较多的色氨酸和酪氨酸，在波长 280 nm 附近有最大吸收峰。Mn-SOD 的在波长 475 nm 附近有吸收峰，反映了所含金属离子的光学性质。

Cu/Zn-SOD 一般是由两个相同的亚基组成的二聚体，含一个铜原子及一个锌原子。Cu/Zn-SOD 一般没有或含有少量的酪氨酸和色氨酸。它们的紫外吸收光谱在波长 250~270 nm 有不同程度的吸收，而在波长 280 nm 处的吸收峰不存在或不明显。Cu/Zn-SOD 的可见光吸收光谱反映了二价铜离子的光学性质，不同来源的 SOD 都在波长 680 nm 附近有最大吸收。Cu/Zn-SOD 的活力 pH 范围较宽，在 5.2~9.5。除此之外，Cu/Zn-SOD 对氰化物、H_2O_2 比较敏感，但在热、蛋白水解酶作用下相对比较稳定。

目前，已发现 Ni-SOD 主要存在于一些原核生物中。在溶液中 Ni-SOD 以六聚体形式存在，相较于其他三种常见 SOD，它的活性中心是唯一含有半胱氨酸残基的，其序列中也含有比较丰富的芳香族氨基酸，因此在波长 280 nm 左右有特征吸收峰。

本实验采用有机溶剂沉淀法从新鲜猪血中提取分离 SOD。SOD 对有机溶剂和热处理都具有较强的耐受性，可借此变性沉淀大部分杂蛋白，离心除去杂蛋白，酶蛋白则保留于上清液中。

SOD 酶活力测定方法很多，如邻苯三酚自氧化法、NBT 光还原法、黄嘌呤氧化酶法、化学发光法和肾上腺素自氧化法等。本实验采用邻苯三酚自氧化法测定，酶活力单位定义为：规定条件下，每毫升反应液中，每分钟抑制邻苯三酚自氧化速率达 50% 的酶量定义为一个酶活力单位(U)。在酶的多步骤分离纯化过程中，通过计算每一步骤所获得酶液的总活力占第一步骤获得的总活力的百分比可以得出每一步骤的酶活回收率。

样品中的蛋白质含量用考马斯亮蓝 G-250 法测定。考马斯亮蓝 G-250 在游离状态下呈棕红色，与蛋白质结合呈蓝色。在一定范围内，反应溶液在波长 595 nm 处的吸光度与蛋白质含量成正比，可用比色法测定蛋白质含量。

酶的比活力用每毫克酶蛋白所具有的酶活力单位(U/mg)来表示，在酶的多步骤分离纯化过程中，各步骤所获得酶溶液的纯度会越来越高，酶的比活力也随之越高。通过计算每一步骤酶的比活力与第一步骤获得的比活力的比值可以求得各步骤酶的纯化倍数。

SOD 同工酶活性染色及鉴定。同工酶是催化相同反应，但可能在来源、结构、细胞存在部位等众多方面存在差异的一组酶分子。高等生物的组织和器官中普遍存在着 SOD 同工酶，通过聚丙烯酰胺凝胶电泳可将相对分子质量大小及电荷数量不同的 SOD 同工酶进行分离，再利用生物活性染色确定在某种生物组织和器官中存在几种 SOD 同工酶，不同来源的同工酶之间以及同一来源不同发育阶段 SOD 同工酶存在差异。本实验采用"负"染色法对 SOD 同工酶"显色"。核黄素经光照所产生的活性氧 O_2^- 能使氯化硝基四氮唑蓝(NBT)由黄色的氧化型转化为蓝色的还原型。由于 SOD 能够抑制 O_2^- 的作用，因此，电泳分离 SOD 后，凝胶上无 SOD 处应显示为蓝色，而有 SOD 处则无色透明，由此可鉴定 SOD 同工酶。

二、实验材料

1. 材料

新鲜猪血。

2. 化学药品或试剂

(1)ACD 抗凝剂：10.0 g 柠檬酸、30.0 g 柠檬酸钠、25.0 g 葡萄糖，用适量双蒸水溶解并稀释至 1 000 mL。

(2)0.9%氯化钠溶液：称取 0.9 g 氯化钠，溶于 100 mL 双蒸水中。

(3)考马斯亮蓝 G-250 溶液：称取 100 mg 考马斯亮蓝 G-250，溶于 50 mL 95%乙醇中，加入 100 mL 85%磷酸溶液，双蒸水定容至 1 000 mL，此试剂常温下可保存 30 d。

(4)标准蛋白质溶液：称取 25 mg 结晶牛血清白蛋白，加双蒸水溶解并定容至 100 mL。吸取上述溶液 40 mL，用双蒸水稀释至 100 mL，即为 100 μg/mL 标准蛋白质溶液。

(5)50 mmol/L pH 8.3 磷酸盐缓冲液。

(6)10 mmol/L EDTA-Na$_2$ 溶液。

(7)3 mmol/L 邻苯三酚溶液(用 10 mmol/L 盐酸配制)。

(8)分离胶缓冲液(Tris-HCl，pH 8.8)：称取 36.6 g 三羟甲基氨基甲烷，加 1 mol/L 盐酸溶液 48 mL，用浓盐酸调 pH 至 8.8，再用双蒸水定容至 100 mL，4℃存放。用时加 TEMED 0.4 mL。

(9)浓缩胶缓冲液(Tris-HCl，pH 6.8)：称取 6.0 g 三羟甲基氨基甲烷，加 48 mL 1 mol/L 盐酸溶液，用浓盐酸调 pH 至 6.8，再用双蒸水定容至 100 mL，4℃存放。用时加 TEMED 0.4 mL。

(10)30%丙烯酰胺-N，N'-亚甲基双丙烯酰胺(Acr-Bis)：30.0 g Acr、0.8 g Bis，用双蒸水溶解，并定容至 100 mL，过滤后贮于棕色瓶备用，4℃保存。

(11)10%过硫酸铵溶液：称取 10.0 g 过硫酸铵，溶于 100 mL 双蒸水中，最好现用现配。

(12)电泳缓冲液(Tris-Gly，pH 8.3)：称取 6.0 g 三羟甲基氨基甲烷、28.8 g 甘氨酸，用双蒸水溶解并定容至 1 000 mL。用时稀释 10 倍。

(13)NBT 溶液：0.01%核黄素、25 mmol/L 氯化硝基四氮唑蓝(NBT)、1 mmol/L EDTA-Na$_2$，溶解在 pH 7.8 3.6×10^{-3} mol/L 磷酸钾缓冲液中。

(14)2.8×10^{-3} mol/L EDTA-Na$_2$ 溶液：用 pH 7.8 3.6×10^{-3} mol/L 磷酸钾缓冲液配制。

(15)其他：四甲基乙二胺(TEMED)、丙酮、三氯甲烷、95%乙醇、10 mmol/L 盐酸溶液、40%蔗糖溶液、0.25%溴酚蓝指示剂、双蒸水。

三、实验器材

离心机，量筒，电动搅拌机，纱布，水浴锅，移液管(1 mL、5 mL)，紫外分光光度计，试管（25 mL），微量进样器（50 μL），电泳仪，垂直板电泳槽，离心管（1.5 mL、50 mL），剥胶板，培养皿（直径为 7.5~10 cm），玻璃纸，玻璃板。

四、操作步骤

1. SOD 的提取

（1）取 20 mL 新鲜猪血（预先按 ACD：血 = 0.15：1 的体积比加入 ACD 抗凝剂），4 000 r/min 离心 10 min，去除上层血浆，取下层红细胞黏稠液，并测量其体积。然后加入 2 倍体积的 0.9%氯化钠溶液清洗，4 000 r/min 离心 10 min，弃上清液，再加入 2 倍体积的 0.9% 氯化钠溶液重复清洗一次，4 000 r/min 离心 10 min，获得洗净的红细胞浓稠液。

（2）向洗净的红细胞中加入等体积的双蒸水，电动搅拌器剧烈搅拌 30 min，使其充分溶血。再向溶血溶液中缓慢加入预冷的 0.3 倍体积的 95%乙醇溶液和 0.2 倍体积的三氯甲烷，再继续搅拌 15 min，4 000 r/min 离心 10 min，去除变性蛋白沉淀物，得上清液。将上清液用多层纱布进行粗滤，以除去其中的漂浮物，该溶液为 SOD 酶液 1。然后将过滤获得的含酶过滤清液在 65~70℃恒温水浴中进行热处理，15 min 后取出迅速冷却至室温，4 000 r/min 离心 5 min，除去沉淀，得浅黄色粗酶液，测量体积，记作 SOD 酶液 2。

（3）向 SOD 酶液 2 中加入等体积的丙酮溶液，4℃冰箱中静置过夜或−20℃沉淀 2 h，然后，4 000 r/min 离心 10 min，弃上清液，得酶蛋白沉淀。将沉淀物用等体积预冷的丙酮溶液清洗 2 次，再次离心收集沉淀，冷冻干燥即得淡蓝绿色酶成品，按 1.0 mg/mL 溶解于双蒸水中，记作 SOD 酶液 3。

2. 蛋白质标准曲线的制作

取 6 支试管，编号，按表 1-12-1 加入试剂。

表 1-12-1　蛋白质标准曲线反应试剂组成

试剂	试管编号					
	1	2	3	4	5	6
标准蛋白质溶液/mL	0	0.2	0.4	0.6	0.8	1.0
双蒸水/mL	1.0	0.8	0.6	0.4	0.2	0
考马斯亮蓝 G-250 溶液/mL	5	5	5	5	5	5
蛋白质含量/(μg/管)	0	20	40	60	80	100

摇匀后，静置 10 min，在波长 595 nm 处比色测定吸光度，比色应在 1 h 内完成。以牛血清白蛋白含量（μg/管）为横坐标，吸光度 A_{595} 为纵坐标，绘制标准曲线。

3. 样品中蛋白含量的测定

将待测的 SOD 溶解并稀释到一定浓度，取 3 支试管，分别准确加入 0.1 mL 样品提取液，加入 0.9 mL 双蒸水和 5 mL 考马斯亮蓝 G-250 溶液，其余操作与标准曲线制作相同。根据所测样品提取液的吸光度，利用标准曲线求得相应的蛋白质含量。

4. SOD 活力测定

（1）邻苯三酚自氧化率的测定：取 4.5 mL 50 mmol/L pH 8.3 磷酸盐缓冲液，4.2 mL 双蒸水和 1 mL 10 mmol/L EDTA-Na$_2$ 溶液，混匀后在 25℃水浴保温 20 min，取出后立即加入

25℃预热过的 0.3 mL 3 mmol/L 邻苯三酚溶液，迅速摇匀，倒入比色皿内，用 10 mmol/L 盐酸溶液作空白，波长 325 nm 处每隔 30 s 测吸光度一次，整个操作在 4 min 内完成，计算出每分钟 A_{325} 的增加值，此即为邻苯三酚自氧化率。要求自氧化速率控制在 0.070/min 左右，如果达不到，则通过调节邻苯三酚的含量满足此要求。

(2)酶活力测定：操作与(1)基本一致，加入邻苯三酚前，先加入一定体积的 SOD 样液，双蒸水则减少相应的体积，按(1)中的描述测其吸光度，计算加酶后邻苯三酚自氧化率。

(3)酶活力单位的计算：根据酶活力单位的定义，按下列公式计算酶活力。

$$SOD\ 活力(U/mL) = \frac{\dfrac{A_0 - A_m}{A_0} \times 100\%}{50\%} \times \frac{V_总}{V_样} \times 样液稀释倍数$$

式中　A_0——邻苯三酚自氧化率；

　　　A_m——加酶后邻苯三酚的自氧化率；

　　　$V_总$——反应总体积(mL)；

　　　$V_样$——加入样品液的体积(mL)。

$$样品\ SOD\ 比活力(U/mg) = 单位体积活力(U/mL)/C_{pr}$$

式中　C_{pr}——每毫升样品液的蛋白质含量，mg/mL。

$$SOD\ 总活力(U) = 单位活力 \times 酶原液总体积$$

(4)SOD 结果处理：将测得的数据或计算结果填入表 1-12-2。

表 1-12-2　酶学参数记录

提纯步骤	酶液总体积/mL	蛋白质/(mg/mL)	酶活力/(U/mL)	总活力/U	比活力/(U/mg)	回收率/%	纯化倍数
SOD 酶液 1							
SOD 酶液 2							
SOD 酶液 3							

5. SOD 同工酶鉴定

(1)样品制备：取一定浓度的 SOD 酶液(约 0.5 mg/mL)，按 SOD 酶液∶40% 蔗糖溶液 = 1∶1($V:V$)配成样品液，备用。

(2)凝胶制备及电泳槽安装：分离胶选用 12.5% 浓度，浓缩胶 4% 浓度。凝胶制备时，先制备位于玻璃板下部的分离胶，待分离胶凝固后，再制备位于玻璃板上部的浓缩胶(切记不可同时配制两种凝胶)。为了保障两种凝胶高度的合适，先将制备点样孔的梳子正确插入玻璃板中，在玻璃板表面上距离插入玻璃板内的梳齿下端向下约 5 mm 处用记号笔做一直线标记，此标记高度即为分离胶配制的高度。按表 1-12-3 顺序将各溶液加入烧杯中，迅速摇匀，立即沿凹槽玻璃处灌入玻璃缝隙中，注意不要产生气泡，直至将分离胶加至标记处。随后立即用胶头滴管加入 95% 乙醇溶液，液面高度至凹槽玻璃板的上缘，进行封闭压胶，静置数分钟待凝胶聚合。当凝胶与封闭用乙醇溶液之间重新出现明显的分界线时表明凝胶已聚合。倒去封闭用乙醇溶液，按表 1-12-3 配制 4% 的浓缩胶，待玻璃板中分离胶表面干燥后，加入浓缩胶至特定高度，以插入梳子后凝胶不溢出为准，立即插入梳子，待浓缩胶凝固后，取出含胶玻璃板，安装电泳槽。

表 1-12-3　凝胶配制

试剂/mL	分离胶浓度					浓缩胶
	7.5%	10%	12.5%	15%	30%	4%
分离胶缓冲液	4.0	4.0	4.0	4.0	4.0	—
浓缩胶缓冲液	—	—	—	—	—	1.25
Acr-Bis	4.0	5.3	6.7	8.0	10.7	0.75
双蒸水	8.0	6.7	5.3	4.0	1.3	3.0
10%过硫酸铵	0.3	0.3	0.3	0.3	0.3	0.15
TEMED	0.008	0.008	0.008	0.008	0.008	0.005

（3）上样及电泳：向电泳槽注入电泳缓冲液，然后拔出梳子。分别在各点样孔中加 $10\sim20\ \mu L$ 样品液（电泳前加少量 0.25% 溴酚蓝指示剂）。接通电源，调电压至 150 V，直至指示剂下行距胶底 1 cm 处停止电泳，取出含胶的玻璃板。

（4）酶条带显色：用剥胶板轻轻揭去一块玻璃板，对另一玻璃板上附着凝胶的一角注水，用剥胶板将凝胶缓缓剥离至培养皿中，保持凝胶的平整。将电泳后的凝胶在严格避光下的 NBT 溶液内浸泡 20 min，再放在 2.8×10^{-3} mol/L EDTA-Na$_2$ 溶液中，40 W 日光灯下直射，至蓝色背景上出现多条透明酶带为止。

（5）干胶制备：在浸湿的两张玻璃纸（面积要比凝胶大）中夹入凝胶，平置在一块玻璃板上，赶除其中存在的气泡，将玻璃纸四周边缘折向玻璃板底，室温下放置至干燥，修剪后保存。

五、实验结果及分析讨论

（1）记录并计算各参数。

（2）绘制电泳结果图，标记各同工酶条带。

（3）利用邻苯三酚自氧化法测定 SOD 酶活力的原理是什么？

（4）酶提取过程中，酶活的回收率及纯化倍数总体的变化趋势如何？哪些因素影响该变化？

（5）考马斯亮蓝 G-250 法测定蛋白质的含量的有效范围为多少？如果超出了应如何处理？

（6）酶的分离纯化应遵守哪些基本原则？

六、注意事项

（1）血液红细胞分离过程中一定要避免红细胞发生溶血。

（2）检测过程中，酶活力会受到众多环境因素的影响，要严格控制各因素一致。

实验 13　【酶】酶促转氨基作用及其层析鉴定

一、实验原理

转氨基反应又称氨基转移反应，即在转氨酶的催化下，一个 α-氨基酸的氨基转移到另一个 α-酮酸的 α-碳上，转出氨基的氨基酸转化为对应的 α-酮酸，而获得氨基的 α-酮酸则生成了对应的 α-氨基酸。

转氨基作用是生物体内普遍存在的一种生化反应，是氨基酸氨基代谢的一种重要方式。还可以沟通氨基酸与糖类、脂类等的代谢，在一定程度上调节着这些代谢的平衡。

转氨酶的种类很多，专一性强，转氨酶的最适 pH 一般为 7.4，其辅酶是磷酸吡哆醛。目前，已经发现的转氨酶有 50 余种。其中，人体中最重要的转氨酶如谷氨酸-丙酮酸转氨酶(glutamic-pyruvic transaminase，GPT，又称丙氨酸氨基转移酶，alanine aminotransferase，ALT)和谷氨酸-草酰乙酸转氨酶(glutamic-oxaloacetic transaminase，GOT，又称天冬氨酸氨基转移酶，aspartate aminotransferase，AST)。

本实验以谷氨酸和丙酮酸混合溶液在 GPT 作用下的反应来检测酶促转氨基作用，反应结果可利用薄层层析法分离鉴定。酶促反应式为：

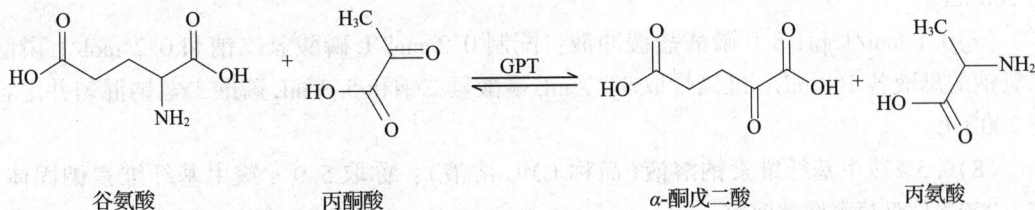

谷氨酸　　　　丙酮酸　　　　　　　α-酮戊二酸　　　　丙氨酸

层析技术是一种物理分离方法，利用待分离组分在固定相和流动相两相中存在的差异，可以用来分离各类性质极为近似、用一般化学方法难以分离的化合物，如氨基酸、核苷酸、糖、脂肪酸、蛋白质和核酸等。层析技术一般不需要很复杂的设备，操作简便，样品量可大可小，既可用于实验室的分析分离，又可用于工业生产中的制备分离，因此是近代生物化学领域中最常用的分离技术之一。

薄层层析是在薄层板上进行的层析，其分离物质的原理因薄层材料而异，可以是分配层析、吸附层析等。如果用纤维素粉制作薄层，则属于分配层析；以硅胶 G 制作薄层，则主要是吸附层析。

本实验以硅胶 G 制成的涂层作为固定相，硅胶 G 中因有 10%~15% 的煅石膏粉作为黏合剂，使涂层形成具有微酸性的吸附剂。由于各种氨基酸的酸碱性不同，因而被固定相吸附的程度和在流动相中的溶解度各不相同。层析时，随着液体流动相流经固定相，点在涂层上的混合氨基酸组分被不同程度地吸附、溶解(或解吸附)、再吸附、再溶解(或解吸附)，从而以不同速度随流动相向前移动。经过一段时间，即可将混合物各组分有效分离开。一般来说，酸性氨基酸和中性氨基酸受到的吸附力较弱，移动距离较长，碱性氨基酸

所受吸附力较强，移动距离较短，除了氨基酸的极性外，其他因素如相对分子质量的大小、极性的强弱等因素也会影响其迁移距离。

层析后用茚三酮溶液显色，将样品中各氨基酸显色斑块的比移值 R_f 值与同时层析的标准氨基酸的 R_f 值比较，即可判断出样品中含有何种氨基酸。

二、实验材料

1. 材料

绿豆芽(25℃恒温培养箱中萌发约 2 d，芽长 0.5~1 cm)。

2. 化学药品或试剂

(1)0.1 mol/L 谷氨酸溶液：1.47 g 谷氨酸溶于 100 mL 1%碳酸钾溶液中。

(2)1%丙酮酸钠溶液：称取 1.0 g 丙酮酸钠固体，加入 100 mL 双蒸水溶解。

(3)0.5%标准丙氨酸溶液：称取 0.5 g 丙氨酸固体，用少量无水乙醇溶解，用双蒸水定容至 100 mL。

(4)0.5%标准谷氨酸溶液：称取 0.5 g 谷氨酸固体，加入少量双蒸水，加热溶解，用双蒸水定容至 100 mL。

(5)流动相：按正丁醇：乙醇：水：茚三酮=60：20：20：0.1(V：V：V：W)的比例配制。

(6)0.1 mol/L pH 7.5 磷酸盐缓冲液：配制 0.2 mol/L 磷酸氢二钠和 0.2 mol/L 磷酸二氢钠的母液各 100 mL，准确量取 84.0 mL 磷酸氢二钠和 16.0 mL 磷酸二氢钠混匀并定容至 200 mL。

(7)0.1 mol/L pH 8.0 磷酸盐缓冲液：配制 0.2 mol/L 磷酸氢二钠和 0.2 mol/L 磷酸二氢钠的母液各 100 mL，准确量取 94.7 mL 磷酸氢二钠和 5.3 mL 磷酸二氢钠混匀并定容至 200 mL。

(8)0.5%羧甲基纤维素钠溶液(简称 CMC 溶液)：称取 5.0 g 羧甲基纤维素钠固体，加 1 000 mL 双蒸水搅拌溶解。

(9)其他：硅胶 G 粉、50%乙酸溶液。

三、实验器材

电子天平，研钵，移液管(1 mL、2 mL)，离心机，离心管(10 mL)，恒温水浴锅，胶头滴管，毛细管，玻璃板(6 cm×10 cm)，铅笔，吹风机，层析缸。

四、操作步骤

1. 酶液的制备

称取 3.0 g 去掉种皮的绿豆芽，放入研钵内加 2 mL 0.1 mol/L pH 8.0 磷酸缓冲液研成匀浆，然后转移至离心试管中，再用 1 mL 缓冲液冲洗研钵，溶液收集至离心管中，在 3 000 r/min 下离心 10 min，取上清液备用。

2. 酶促反应

取 2 个离心管，编号，按表 1-13-1 分别加入各试剂并进行相关处理。

表 1-13-1 酶促反应体系

试管	谷氨酸溶液/滴	丙酮酸钠溶液/滴	磷酸盐缓冲液/mL	50%乙酸/滴	酶液/滴	煮沸时间/min	37℃保温时间/min	50%乙酸/滴	煮沸时间/min
待测管	10	10	2.0		10		30	5	10
对照管	10	10	2.0	5	10	10	30		

加样过程中尽可能将各组分直接加入试管底部，避免沾染在试管壁上，影响反应体系的准确性。反应完毕后，将反应试管在 3 000 r/min 下离心 5 min，取上清液用于检测。

3. 层析鉴定酶促反应

(1)制板：称取 1.8 g 硅胶 G 置于研钵中，加入 6 mL 0.5% CMC 溶液，研磨 2~3 min，然后倾倒在玻璃板上并铺平，水平放置 8~12 h，在空气中彻底干燥后备用。用前需在 110℃烘箱中烘干 30 min 进行活化。

(2)点样：取活化过的硅胶 G 薄板，用铅笔在距一侧窄底边 2 cm 处轻轻画出一条水平线，避免破坏表面涂层，在此标记线上还可以用铅笔轻点并标记出相距约 1 cm 的 4 个点，作为点样点。用管口平整的毛细管一端进行点样，依次点上标准谷氨酸、标准丙氨酸、待测液及对照液。点样时，毛细管轻轻接触薄层表面使样品液体被吸附至涂层中，尽量保证点样后样品溶液扩散斑块直径不超过 2 mm，每点样一次，可用电吹风冷风近距离或热风加大距离吹干，每个样品点样 3~5 次，可视浓度情况调节点样次数。点样使用的毛细管不可混用。点样完毕，吹干斑块后方可进行层析。

(3)层析：根据层析缸的大小加入适量的流动相(又称展层溶剂)，将层析板点样一端浸入流动相中，注意，切勿使样品点样线浸入流动相中。盖上缸盖，开始层析。待流动相扩散到距层析板上沿约 1 cm 时停止层析并取出层析板，用铅笔在上沿干湿界限处标记出溶剂前沿。

(4)显色、鉴定：用吹风机热风近距离吹干层析板，即可呈现紫红色的斑块。找出各斑块位置并确定其中心点，分别量取起点至斑块中心点以及到溶剂前沿的距离，计算出各氨基酸斑块的 R_f 值，据此分析实验结果。

五、实验结果及分析讨论

(1)绘制层析图谱，注明层析方向和各斑块对应的氨基酸名称。测量点样起点到各斑块中心的距离以及到溶剂前沿的距离，计算标准氨基酸、对照组和待测组的 R_f 值。

(2)你的实验结果是否支持发生了转氨基作用？解释其原因。

(3)从原理上来讲，本实验所用层析技术属于哪种层析技术类型？为什么两种氨基酸可以被分离？

(4)本实验中，"层析分离过程中，样品的分配系数越大，则其迁移速度越慢"这一观点是否正确？解释其原因。

(5)解释层析中的 K 值和 R_f 值的概念、含义以及两者的关系。

(6)本实验中，薄层板使用前为什么需要活化？

六、注意事项

酶液也可用动物材料制备：称取 2.0 g 猪的肝脏（或其他动物的），剪碎后置于研钵中，加入 0.9%氯化钠溶液和少量海砂，研磨成匀浆，离心，取上清液，即为酶提取液。

实验 14 【酶】过氧化氢酶活力的测定

一、实验原理

过氧化氢酶普遍存在于各类生物中，在植物中，其活力大小与植物的代谢强度、抗寒和抗病能力有一定联系，故常需进行测定。

过氧化氢酶能将过氧化氢分解为水和氧分子，其活力大小可以一定时间内一定量的酶所分解的过氧化氢量来表示。被分解的过氧化氢量可用碘量法间接测定。当酶促反应进行一定时间后，终止反应，然后以钼酸铵作催化剂，使未被分解的过氧化氢与碘化钾反应生成游离的碘，再用硫代硫酸钠滴定碘。其反应为：

实验 14 视频

$$2H_2O_2 \xrightarrow{\text{过氧化氢酶}} 2H_2O + O_2$$

$$H_2O_2 + 2KI + H_2SO_4 \xrightarrow{\text{钼酸铵}} I_2 + K_2SO_4 + 2H_2O$$

$$I_2 + 2Na_2S_2O_3 \longrightarrow 2NaI + Na_2S_4O_6$$

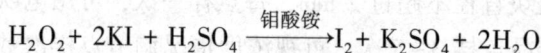

反应完毕，以样品溶液和空白溶液的滴定值之差求出被酶分解的过氧化氢量，即可计算出酶的活力。

二、实验材料

1. 材料

鲜草叶片。

2. 化学药品或试剂

（1）0.01 mol/L 过氧化氢溶液：准确量取 1.025 mL 30%过氧化氢溶液，用双蒸水定容至 1 000 mL 容量瓶中，贮于棕色瓶，4℃避光保存。

（2）10%钼酸铵溶液：称取 10.0 g 钼酸铵加双蒸水溶解并定容至 100 mL。

（3）0.02 mol/L 硫代硫酸钠溶液：称取 3.162 g 硫代硫酸钠，加双蒸水溶解并定容至 1 000 mL。

（4）1%淀粉溶液：称取 1.0 g 可溶性淀粉，加适量双蒸水搅拌均匀，缓缓倒入沸水中，冷却后定容至 100 mL，4℃保存。

（5）20%碘化钾溶液：称取 33.2 g 碘化钾固体，加适量双蒸水溶解并定容至 100 mL。

（6）其他：1.8 mol/L 硫酸溶液、碳酸钙粉末。

三、实验器材

电子天平，研钵，剪刀，漏斗，容量瓶（50 mL、100 mL、1 000 mL），移液管（1 mL、

5 mL、10 mL、20 mL），锥形瓶（100 mL），铁架台，碱式滴定管，洗瓶。

四、操作步骤

1. 酶液制备

称取 0.25 g 鲜草叶片，剪碎置于研钵中，加入约 0.1 g 碳酸钙粉末和 2 mL 双蒸水充分研磨成匀浆，用漏斗移入 50 mL 容量瓶，研钵及研钵棒上残留的匀浆液可用双蒸水洗瓶冲洗，洗涤液也移入瓶中，然后用双蒸水定容。颠倒容量瓶几次，使匀浆液充分溶解，静置澄清后吸取 20.0 mL 上清液至 100 mL 容量瓶中，加双蒸水定容，摇匀后备用。

2. 酶促反应

取 4 个 100 mL 锥形瓶编号，向各瓶准确加入 10.0 mL 稀释后的酶液，随即在 1 号瓶中加入 5.0 mL 1.8 mol/L 硫酸溶液以终止酶的活力，作为空白对照，另 3 瓶作为待测组。随后，向 4 个锥形瓶中均加入 5.0 mL 0.01 mol/L 过氧化氢溶液进行酶促反应，待测组的 3 个重复在反应时，需要分别单独进行，每一瓶加入过氧化氢溶液后，需迅速摇匀并开始计时，准确反应 5 min 后立即向此瓶中加 5.0 mL 1.8 mol/L 硫酸溶液，摇匀，终止酶促反应。

3. 过氧化氢的定量

向步骤 2 中反应后的 4 瓶溶液中分别加入 1.0 mL 20%碘化钾溶液和 3 滴钼酸铵溶液，摇匀后静置 5 min。然后，依次用 0.02 mol/L 硫代硫酸钠溶液进行滴定，铁架台滴定管下方可放置一张白纸作为背景，滴定至溶液呈淡黄色后加 5 滴 1%淀粉溶液并摇匀，再继续滴定至蓝色彻底消失即到反应终点，记录 4 瓶溶液各消耗硫代硫酸钠的体积，用于计算酶活力。

五、实验结果及分析讨论

（1）按国际酶活力单位计算。

被分解的过氧化氢量（μmol）= V（硫代硫酸钠空白滴定值−硫代硫酸钠样品滴定值）
$$（mL）×0.02×10^3×1/2$$

$$每克组织过氧化氢酶活力（IU/g）= \frac{被分解的过氧化氢量（μmol）×酶液稀释倍数}{时间（min）×样品质量（g）}$$

（2）酶活力的习惯计算法。

被分解的过氧化氢量（mg）= V（硫代硫酸钠空白滴定值−硫代硫酸钠样品滴定值）
$$（mL）×0.02×34.02×1/2$$

$$每克组织过氧化氢酶活力（U/g）= \frac{被分解的过氧化氢量（mg）×酶液稀释倍数}{样品质量（g）×时间（min）}$$

式中　0.02——硫代硫酸钠的摩尔浓度；
　　　34.02——过氧化氢的摩尔质量。

（3）国际酶活力单位与习惯酶活力单位的区别是什么？
（4）碘化钾、钼酸铵、硫代硫酸钠和碳酸钙分别起什么作用？
（5）反应前，既然各待滴定瓶中的过氧化氢总量是已知的，为什么还要设置一个对照组？

六、注意事项

(1)过氧化氢必须要低温避光保存，否则会影响测定结果。

(2)反应时间必须计时准确。

实验15 【酶】淀粉酶活力的测定

一、实验原理

淀粉酶(amylase)一般可作用于直链淀粉和支链淀粉等 α-1,4-葡聚糖，水解其 α-1,4-糖苷键。淀粉酶广泛存在于动物、植物和微生物中。不同来源的淀粉酶，其性质有所不同。淀粉酶主要包括 α-淀粉酶、β-淀粉酶。

α-淀粉酶可随机作用于直链淀粉和支链淀粉链内部的 α-1,4-糖苷键，单独使用时最终可生成寡聚葡萄糖、α-极限糊精和少量葡萄糖。Ca^{2+} 能使 α-淀粉酶活化和稳定，α-淀粉酶比较耐热但不耐酸，pH 3.6 以下可使其钝化。

β-淀粉酶可从非还原端作用于 α-1,4-糖苷键，遇到支链淀粉的 α-1,6-糖苷键时无法继续分解。单独作用时，产物为麦芽二糖和 β-极限糊精。β-淀粉酶是一种巯基酶，不需要 Ca^{2+} 及 Cl^- 等辅助因子，最适 pH 偏酸性，与 α-淀粉酶相反，它不耐热但却耐酸，70℃保存 15 min 可使其钝化。

通常样品提取液中 α-淀粉酶和 β-淀粉酶共存。可以先测定两种淀粉酶的总活力(α+β)，然后在 70℃下加热 15 min，钝化 β-淀粉酶，再检测出 α-淀粉酶活力，用总活力减去 α-淀粉酶活力，就可以求出 β-淀粉酶活力。

淀粉酶活力大小可用其作用于淀粉生成的还原糖与3,5-二硝基水杨酸的显色反应来测定。还原糖作用于黄色的3,5-二硝基水杨酸生成棕红色的3-氨基-5-硝基水杨酸，生成物颜色的深浅与还原糖的量成正比。以每克样品在一定时间内生成的还原糖(麦芽糖)量表示酶活大小。

二、实验材料

1. 材料

小麦麦芽(萌发 3 d)。

2. 化学药品或试剂

(1)标准麦芽糖溶液(1 mg/mL)：精确称取 100 mg 麦芽糖，用双蒸水溶解并定容至100 mL。

(2)3,5-二硝基水杨酸溶液：精确称取 1.0 g 3,5-二硝基水杨酸，溶于 20 mL 12 mol/L 氢氧化钠溶液中，加入 50 mL 双蒸水，再加入 30.0 g 酒石酸钾钠，待溶解后加双蒸水定容至 100 mL。盖紧瓶塞，勿使 CO_2 进入。若溶液混浊，可过滤后使用。

（3）0.1 mol/L pH 5.6 柠檬酸盐缓冲液：

A 液（0.1 mol/L 柠檬酸）：称取 21.01 g 一水柠檬酸（$C_6H_8O_7 \cdot H_2O$），用双蒸水溶解并定容至 1 L；B 液（0.1 mol/L 柠檬酸钠溶液）：称取 29.41 g 二水柠檬酸钠（$Na_3C_6H_5O_7 \cdot 2H_2O$），用双蒸水溶解并定容至 1 L。取 A 液 55 mL 与 B 液 145 mL 混匀，即为 0.1 mol/L pH 5.6 柠檬酸盐缓冲液。

（4）1% 淀粉溶液：称取 1.0 g 淀粉溶于 100 mL 0.1 mol/L pH 5.6 柠檬酸盐缓冲液中。

（5）其他：酒石酸钾钠、石英砂。

三、实验器材

电子天平，研钵，移液管（1 mL、2 mL、10 mL），离心机，容量瓶（20 mL、50 mL、100 mL、1 000 mL），具塞试管（25 mL），恒温水浴锅，分光光度计。

四、操作步骤

1. 酶液制备

称取 1.0 g 萌发 3 d 的小麦麦芽（芽长约 1 cm），置于研钵中，加少量石英砂和 2 mL 0.1 mol/L pH 5.6 柠檬酸缓冲液，研磨至匀浆。将匀浆倒入离心管中，用 6 mL 0.1 mol/L pH 5.6 柠檬酸盐缓冲液分次将残渣清洗后转移至离心管中。提取液在室温下放置提取 15～20 min，每隔数分钟搅动一次，使其充分提取。然后在 3 000 r/min 下离心 10 min，将上清液倒入 100 mL 容量瓶中，加 0.01 mol/L pH 5.6 柠檬酸盐缓冲液定容，摇匀后备用，即为淀粉酶原液。

吸取 10 mL 上述淀粉酶原液，转入 50 mL 容量瓶中，用 0.1 mol/L pH 5.6 柠檬酸盐缓冲液定容至刻度，摇匀，即为淀粉酶稀释液。

2. 麦芽糖标准曲线的制作

取 7 支洁净具塞试管，按表 1-15-1 加入试剂。

表 1-15-1　麦芽糖标准曲线反应试剂组成

试剂	试管编号						
	1	2	3	4	5	6	7
标准麦芽糖溶液/mL	0	0.2	0.6	1.0	1.4	1.8	2.0
双蒸水/mL	2.0	1.8	1.4	1.0	0.6	0.2	0
3,5-二硝基水杨酸溶液/mL	2.0	2.0	2.0	2.0	2.0	2.0	2.0
麦芽糖浓度/(mg/mL)	0	0.2	0.6	1.0	1.4	1.8	2.0

摇匀，置沸水浴中煮沸 5 min，取出后流水冷却，加双蒸水定容至 20 mL。用分光光度计测定吸光度 A_{520}。以麦芽糖含量为横坐标，吸光度 A_{520} 为纵坐标，绘制标准曲线。

3. 酶活力的测定

取 6 支洁净具塞试管，编号，按表 1-15-2 加入试剂。

表 1-15-2　酶活测定反应体系

试剂/mL	试管编号					
	I-1	I-2	I-3	II-1	II-2	II-3
淀粉酶原液	1.0	1.0	1.0	0	0	0
置70℃水浴中15 min，取出后在流水中冷却，钝化β-淀粉酶						
淀粉酶稀释液	0	0	0	1.0	1.0	1.0
3,5-二硝基水杨酸溶液	2.0	0	0	2.0	0	0
40℃恒温水浴中保温10 min						
1%淀粉溶液	1.0	1.0	1.0	1.0	1.0	1.0
40℃恒温水浴中准确保温5 min						
3,5-二硝基水杨酸溶液	0	2.0	2.0	0	2.0	2.0

摇匀，置沸水浴中 5 min，取出后流水冷却，加双蒸水定容至 20 mL。用分光光度计测定吸光度 A_{520}。

五、实验结果及分析讨论

(1)记录并计算实验结果。

用 I-2、I-3 吸光度平均值与 I-1 吸光度之差，利用标准曲线求出相应的麦芽糖含量(mg)，按下式计算 α-淀粉酶活力[麦芽糖(mg)/样品鲜重(g)·5 min]：

$$\alpha\text{-淀粉酶活力} = \frac{\text{查得的麦芽糖含量(mg)} \times \text{淀粉酶原液总体积(mL)}}{\text{样品质量(g)}}$$

II-2、II-3 吸光度平均值与 II-1 吸光度之差，利用标准曲线求出相应的麦芽糖含量(mg)，按下式计算淀粉酶总活力[α+β，麦芽糖(mg)/样品鲜重(g)·5 min]：

$$\text{淀粉酶总活力}(\alpha+\beta) = \frac{\text{查得的麦芽糖含量(mg)} \times \text{淀粉酶原液总体积(mL)} \times \text{稀释倍数}}{\text{样品质量(g)}}$$

$$\beta\text{-淀粉酶活力} = \text{淀粉酶总活力}(\alpha+\beta) - \alpha\text{-淀粉酶活力}$$

(2)α-淀粉酶和 β-淀粉酶如果单独使用，能否彻底降解淀粉？

(3)淀粉酶的常见激活剂和抑制剂分别有哪些？

(4)举出几种在催化特性方面具有特殊性的淀粉酶。

六、注意事项

(1)样品提取液的定容体积和酶液稀释倍数可根据不同材料酶活性的大小而定。

(2)为了确保酶促反应时间的准确性，在进行保温这一步骤时，可以将各试管每隔一定时间依次放入恒温水浴，准确记录时间，到 5 min 时取出试管，立即加入 3,5-二硝基水杨酸以终止酶反应，以便尽量减小因各试管保温时间不同而引起的误差。同时，恒温水浴温度变化应不超过±0.5℃。

(3)如果条件允许，各实验小组可采用不同材料，如萌发 1 d、2 d、3 d、4 d 的小麦种子，比较测定结果，以了解萌发过程中这两种淀粉酶活性的变化。

实验 16 【酶】植物超氧化物歧化酶的分离提取与活力测定

一、实验原理

超氧化物歧化酶(SOD)广泛存在于各类生物体内,按其所含金属离子的不同,可分为三种:铜锌超氧化物歧化酶(Cu/Zn-SOD)、锰超氧化物歧化酶(Mn-SOD)和铁超氧化物歧化酶(Fe-SOD)。在生物体内,SOD 是一类重要的自由基清除剂,具有抗衰老、抗辐射、抗炎和抗癌等多种生物学功能,对生物体有保护作用。

在大蒜蒜瓣中含有较丰富的 SOD,通过组织或细胞破碎后,可用 pH 8.2 磷酸盐缓冲液提取,提取液用低浓度的三氯甲烷-乙醇处理,离心后去除杂蛋白沉淀,可得 SOD 粗酶液,由于 SOD 不溶于丙酮,可用丙酮将其沉淀析出。由于极性有机溶剂能引起蛋白质脱去水化层,并通过降低溶剂的介电常数而减小带电质点间的相互排斥作用,致使蛋白质颗粒凝集而沉淀。采用该方法沉淀蛋白质时,要求在低温下操作,并且需要尽量缩短处理时间,避免蛋白质变性。

本实验采用邻苯三酚自氧化法来测定 SOD 的酶活性。邻苯三酚在碱性条件下,能迅速自氧化,释放出 O_2^-,生成带色的中间产物。反应开始后,反应液先变成黄棕色,几分钟后转为绿色,几小时后又转变呈黄色,这是生成的中间物不断氧化的结果。这里测定的是邻苯三酚自氧化过程中的初始阶段。中间物的积累在滞留 30~45 s 后,与时间呈线性关系,一般线性时间维持在 4 min 的范围内。中间物在波长 325 nm 处有强烈光吸收,当有 SOD 存在时,由于它能催化 O_2^- 与 H^+ 结合生成 O_2 和 H_2O_2,从而阻止了中间物的积累,因此,通过计算可求出 SOD 的酶活力。在酶的多步骤分离纯化过程中,通过计算每一步骤所获得酶液的总活力占第一步骤获得的总活力的百分比可以得出每一步骤的回收率,进而可以反映每一步骤酶的得率情况。

二、实验材料

1. 材料

大蒜。

2. 化学药品或试剂

(1)0.05 mol/L pH 8.0 磷酸盐缓冲液:配制 0.2 mol/L 磷酸氢二钠和 0.2 mol/L 磷酸二氢钠的母液各 100 mL,准确量取 94.7 mL 磷酸氢二钠和 5.3 mL 磷酸二氢钠混匀并稀释至 400 mL。

(2)三氯甲烷-乙醇混合溶液:三氯甲烷:无水乙醇=3:5($V:V$)。

(3)邻苯三酚:使用 10 mmol/L 盐酸溶液将邻苯三酚配制为 50 mmol/L 溶液,现配现用。

(4)10 mmol/L 盐酸溶液:量取 0.833 mL 浓盐酸,用双蒸水定容至 1 000 mL 备用。

(5)丙酮(使用前 4℃预冷)。

三、实验器材

电子天平，研钵，量筒（20 mL），冰盒，高速冷冻离心机，离心管，具塞刻度试管（10 mL、25 mL），烧杯，移液管（1 mL、5 mL），恒温水浴锅，紫外分光光度计。

四、操作步骤

1. 组织和细胞的破碎

称取 5.0 g 大蒜蒜瓣，置于研钵中研磨，捣碎后充分研磨 3 min，使组织或细胞破碎。

2. SOD 的提取

向上述破碎的大蒜中加入 2~3 倍体积（10~15 mL）的 0.05 mol/L pH 8.2 磷酸盐缓冲液，研钵置于冰水混合物上研磨搅拌 20 min，使 SOD 充分溶解到缓冲液中。使用离心机在 4℃ 下，8 000 r/min 离心 15 min，弃沉淀，得 SOD 粗提取液。测量粗提取液体积，并准确留样 0.5 mL 于一支试管中（记为留样 1）。

3. 杂蛋白的去除

向剩余粗提取液中加入 0.25 倍体积的三氯甲烷–乙醇混合溶液，充分搅拌 15 min，于 4℃ 下，8 000 r/min，离心 15 min，去除杂蛋白沉淀，收集上清液。量取上清液体积，并准确留样 0.5 mL 于一支试管中（记为留样 2）。

4. SOD 的沉淀分离

向步骤 3 中剩余的上清液中加入等体积预冷的丙酮溶液，混匀后置于冰浴中放置 15 min。然后，于 4℃ 下，8 000 r/min 离心 15 min，弃上清液后获得 SOD 沉淀。将 SOD 沉淀溶解于 1 mL 磷酸盐缓冲液中，于 55~60℃ 热处理 15 min，变性不耐热的杂蛋白，4℃ 下，8 000 r/min 离心 15 min，弃沉淀，得到 SOD 酶液。量取 SOD 酶液体积，并准确留样 0.5 mL 于一支试管中（记为留样 3）。

5. SOD 活力测定

（1）邻苯三酚自氧化率的测定：取 2 支具塞试管，编号 1、2，在 2 支试管中按表 1-16-1 加入磷酸盐缓冲液，25℃ 下保温 20 min，然后加入 25℃ 预热过的邻苯三酚（1 号空白管用 10 mmol/L 盐酸溶液代替邻苯三酚）迅速摇匀，立即加入比色皿中，以 1 号空白管调零，在波长 320 nm 处测定 2 号对照管的吸光度。每隔 30 s 读取一次，共计时 4 min，要求邻苯三酚自氧化速率控制在 0.070/min（可通过调节邻苯三酚的加入量达到该要求）。

（2）酶活力测定：按表 1-16-2 加样，以 1 号空白管调零，其余操作与测定邻苯三酚自氧化率相同。

表 1-16-1　邻苯三酚自氧化率测定反应试剂组成

试剂/mL	1（空白）	2（对照）
0.05 mol/L，pH 8.2 磷酸盐缓冲液	4.5	4.5
10 mmol/L 盐酸溶液	0.01	0
邻苯三酚	0	0.01

表 1-16-2 酶活力测定反应试剂组成

试剂/mL	1(空白)	样 1	样 2	样 3
0.05 mol/L pH 8.2 磷酸盐缓冲液	4.5	4.4	4.4	4.4
10 mmol/L 盐酸溶液	0.01			
留样 1		0.1		
留样 2			0.1	
留样 3				0.1
邻苯三酚	0	0.01	0.01	0.01

6. 结果处理

一个酶活力单位的定义：在 1 mL 反应液中，每分钟抑制邻苯三酚的自氧化速率达 50%时的酶量定义为一个酶活力单位，即在波长 325 nm 处测定时，0.035 OD/min 为一个酶活力单位。若每分钟抑制邻苯三酚的自氧化速率在 35%～65%，通常可按比例计算，若数值不在此范围时，应调节酶样品的加入量。

酶活力计算公式：

$$\text{SOD 活力}(\text{U/mL}) = \frac{\dfrac{A_0 - A_m}{A_0} \times 100\%}{50\%} \times \frac{V_{总}}{V_{样}} \times \text{样液稀释倍数}$$

式中　A_0——邻苯三酚的自氧化率；

　　　A_m——加酶后邻苯三酚的自氧化率；

　　　$V_{总}$——反应总体积(mL)；

　　　$V_{样}$——加入样品液的体积(mL)。

五、实验结果及分析讨论

(1)填写实验数据(表 1-16-3、表 1-16-4)，然后分别计算各留样酶液中 SOD 酶活力及各步骤的酶活回收率。

(2)利用邻苯三酚自氧化法测 SOD 酶活力的原理是什么？

(3)请解释 SOD 提取过程中，下列试剂或处理的作用：磷酸盐缓冲液、三氯甲烷-乙醇混合溶液、55~60℃热处理、丙酮沉淀。

表 1-16-3 邻苯三酚自氧化率的测定结果

时间	1 min		2 min		3 min		4 min	
	30 s	60 s	90 s	120 s	150 s	180 s	210 s	240 s
A_{325}	0							
每分钟值*	—							
平均值 A_0								

注：* 为每分钟值的计算由 60 s 开始，分别计算 90~120 s、120~150 s、150~240 s 等时间点的 A_{325} 差值。

表 1-16-4　加入酶液后邻苯三酚自氧化率的测定结果

时间	1 min		2 min		3 min		4 min	
	30 s	60 s	90 s	120 s	150 s	180 s	210 s	240 s
样 1 A_{325}								
每分钟值*								
样 2 A_{325}								
每分钟值*								
样 3 A_{325}								
每分钟值*								
平均值 A_m								

注：* 为每分钟值的计算由 60 s 开始，分别计算 90~120 s、120~150 s、150~240 s 等时间点的 A_{325} 差值。

（4）酶的分离纯化应该遵守的基本原则有哪些？

六、注意事项

（1）对于胞内酶的分离提取来说，组织细胞的有效破碎是获得酶的关键。

（2）酶活力检测过程中，酶活力会受到众多环境因素的影响，要严格控制各因素一致。

实验 17　【蛋白质】双缩脲法测定蛋白质含量

一、实验原理

双缩脲（$H_2NOC—NH—CONH_2$）可由两分子尿素加热至 180℃ 左右生成，它在碱性条件下能与 Cu^{2+} 结合生成紫红色络合物（称为双缩脲反应）。而蛋白质分子中含有两个以上相邻的肽键，其结构与双缩脲类似，因此，也能发生双缩脲反应并生成紫红色络合物，其反应后溶液颜色的深浅与蛋白质含量（或浓度）在一定范围内呈线性关系，符合比尔定律。本方法与蛋白质的相对分子质量大小及氨基酸的种类和排列无关，受蛋白质特异性影响较小，故可利用此反应通过比色法测定蛋白质的含量，该法测定蛋白质浓度为 1~10 mg/mL。蛋白质与双缩脲试剂反应如下所示。

实验 17　视频

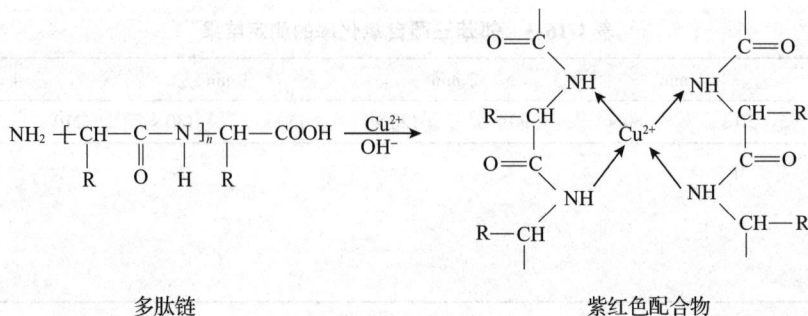

多肽链　　　　　　　　　　　　　　紫红色配合物

相较于 BCA（bicinchoninic acid）法、考马斯亮蓝（coomassie blue）法、Lowry 法（又称 Folin-酚法），双缩脲反应尽管灵敏度较低，但方法简单、快速，且受低浓度铵离子干扰较小，故双缩脲法多用于蛋白质纯化早期步骤时蛋白质含量的测定。

二、实验材料

1. 材料
豆粉。

2. 化学药品或试剂
（1）双缩脲试剂：称取 1.5 g 五水硫酸铜（$CuSO_4 \cdot 5H_2O$）和 6.0 g 酒石酸钾钠（$NaKC_4H_4O_6 \cdot 4H_2O$），以少量水溶解，再加 300 mL 10% 氢氧化钠溶液，然后加双蒸水稀释至 1 000 mL，配好的双缩脲试剂应贮存于塑料瓶中（或内壁涂石蜡的棕色瓶中），避光保存。

（2）标准酪蛋白溶液（5.0 mg/mL）：称取定量的酪蛋白，用 0.05 mol/L 氢氧化钠溶液配制。

（3）其他：酪蛋白、0.05 mol/L 氢氧化钠溶液、双蒸水。

三、实验器材

电子天平，烧杯（1 000 mL），棕色瓶（1 000 mL），塑料瓶（1 000 mL），漏斗，滤纸，容量瓶（100 mL），具塞试管（10 mL），移液管（1.0 mL、2.0 mL、5.0 mL），分光光度计。

四、操作步骤

1. 样品制备
称取 2.0 g 豆粉溶于 100 mL 双蒸水中，过滤，将滤液定容至 100 mL，制成 2% 豆粉溶液。

2. 标准曲线制作
取 6 支干燥具塞试管，编号，按表 1-17-1 顺序添加各反应溶液。

表 1-17-1　标准曲线制作及样品反应体系

试剂	试管编号					
	1	2	3	4	5	6
标准酪蛋白溶液/mL	0	0.4	0.8	1.2	1.6	2.0
双蒸水/mL	2.0	1.6	1.2	0.8	0.4	0
双缩脲试剂/mL	4.0	4.0	4.0	4.0	4.0	4.0
蛋白质含量/（mg/管）						

3. 样品反应
取 3 支干燥具塞试管，编号 7、8、9，按照 1 mL 样品、1 mL 双蒸水、4 mL 双缩脲试剂的顺序加入各试剂并混匀。

4. 吸光度测定
上述各管试剂混匀后，在室温下静置 30 min，在波长 540 nm 处比色，1 号管溶液调零后测定剩余各管吸光度，以蛋白质含量为横坐标，吸光度 A_{540} 为纵坐标，绘制标准曲线。

5. 计算

对照标准曲线，求得检测样品溶液的蛋白质含量。然后，按照稀释倍数计算出每克豆粉的蛋白质含量(mg)。

五、实验结果及分析讨论

(1)填写实验数据。

项目	试管编号								
	1	2	3	4	5	6	7	8	9
蛋白质含量/(mg/管)									
A_{540}									

(2)绘制标准曲线。

(3)计算豆粉中的蛋白质含量(mg/g)。

(4)检测蛋白质含量时，如果未知样品与双缩脲试剂反应后的吸光度大于 6 号管，应如何处理？为什么？

(5)双缩脲试剂为碱性，为什么 Cu^{2+} 能够稳定存在其中？

六、注意事项

(1)双缩脲反应本质上是检测物质是否含有相邻酰胺基团或类似含氮基团的技术。凡两个及两个以上的—CO—NH₂(或—CO—NH—)、—CS—NH₂(或—CS—NH—)、—CH₂—NH₂(或—CH₂—NH—)、—CHR—NH₂(或—CHR—NH—) 直接或通过 C、N 原子间接连在一起的物质都有双缩脲反应。因此，在测定蛋白质含量时要排除相应干扰物质。

(2)未知样品溶液的蛋白质浓度不能超过 5.0 mg/mL，否则，必须适当稀释后才能进行测定。

(3)标准蛋白质溶液可用结晶的牛(或人)血清蛋白、卵清蛋白或酪蛋白粉末配制。

实验 18 【蛋白质】考马斯亮蓝 G-250 法测定蛋白质含量

一、实验原理

考马斯亮蓝 G-250 在酸性溶液中呈棕红色，当它与蛋白质结合后则呈蓝色。在一定范围内，溶液在波长 595 nm 处的光吸收值与蛋白质含量成正比，符合比色法测定原理，因此可用于蛋白质的定量测定。本法试剂配制简单，操作简便快捷，灵敏度比 Folin-酚法还高 4 倍，测定范围 1~1 000 μg，而且干扰物质少，蛋白质间的变动也较小，是一种常用的蛋白质快速微量测定方法。

二、实验材料

1. 材料

小麦幼苗叶片。

2. 化学药品或试剂

(1)考马斯亮蓝 G-250 溶液：称取 100 mg 考马斯亮蓝 G-250，溶于 50 mL 95%乙醇中，加入 100 mL 85%磷酸溶液，用水定容至 1 000 mL。此试剂常温下可保存 30 d。

(2)标准蛋白质溶液(100 μg/mL)：称取 25 mg 牛血清白蛋白，加水溶解并定容至100 mL。吸取上述溶液 40 mL，用双蒸水稀释至 100 mL，即为 100 μg/mL 标准蛋白质溶液。

(3)其他：考马斯亮蓝 G-250、95%乙醇、85%磷酸、牛血清白蛋白、双蒸水。

三、实验器材

电子天平，量筒，容量瓶(10 mL、1 000 mL)，研钵，剪刀，冰盒，离心机，具塞试管(10 mL)，移液管(1 mL、5 mL)，分光光度计。

四、操作步骤

1. 样品处理

称取约 0.2 g 小麦幼苗叶片，剪碎后置于研钵，加入 5 mL 双蒸水在冰浴中研成匀浆，4 000 r/min 离心 10 min，将上清液转移至 10 mL 容量瓶，再向剩余残渣中加入 2 mL 双蒸水，悬浮后 4 000 r/min 离心 10 min，合并两次获得的上清液，定容至刻度，所得溶液即为待测样品溶液。

2. 标准曲线的制作

取 6 支干燥具塞试管，编号，按表 1-18-1 加入各种试剂，混匀后备用。

表 1-18-1　标准曲线反应体系

试剂	试管编号					
	1	2	3	4	5	6
标准蛋白质溶液/mL	0	0.2	0.4	0.6	0.8	1.0
双蒸水/mL	1.0	0.8	0.6	0.4	0.2	0
考马斯亮蓝 G-250 溶液/mL	5	5	5	5	5	5
蛋白质含量/(μg/管)	0	20	40	60	80	100

3. 样品反应

另取 3 支具塞试管，分别加入 0.1 mL 待测样品溶液、0.9 mL 双蒸水和 5 mL 考马斯亮蓝 G-250 试剂，混匀后备用。

4. 吸光度测定

上述各反应溶液加入后混匀，各管振荡程度应尽量一致。室温下放置 10 min，在波长 595 nm 处比色测定，比色应在 1 h 内完成。以牛血清白蛋白含量为横坐标，吸光度 A_{595} 为纵坐标，绘制标准曲线。

5. 计算

对照标准曲线，求得检测样品中的蛋白质含量。

五、实验结果及分析讨论

(1)填写实验数据。

项目	试管编号							
	1	2	3	4	5	6	7	8
蛋白质含量/(mg/管)								
A_{595}								

(2)绘制标准曲线。

(3)样品蛋白质含量计算。

根据所测样品提取液吸光度的平均值，依据标准曲线求得相应的蛋白质含量(μg)，按下式计算：

$$样品蛋白质含量(μg/g) = \frac{查得的蛋白质含量(μg)×提取液总体积(mL)}{样品质量(g)×测定时取用的提取液体积(mL)}$$

(4)如果检测样品的蛋白质含量超过了本方法的检测范围，如何处理？

(5)除了本方法，还有哪些方法可用于检测蛋白质的含量？它们各有什么优缺点？

六、注意事项

考马斯亮蓝染料在试管壁及比色皿壁上容易残留，使用后务必及时清洗，尤其是比色皿，否则会影响后续检测数据的准确性。

实验19　【蛋白质】牛奶中酪蛋白的提取与鉴定

一、实验原理

蛋白质中能够解离的基团对蛋白质的电化学性质影响很大，在低于其等电点(pI)的溶液中蛋白质以阳离子状态存在，在电场中向负极移动；在高于其等电点的溶液中则以阴离子状态存在，在电场中向正极移动；当溶液pH等于等电点时以不携带额外电荷的两性离子状态存在，在电场中不移动，同时其溶解度相对最低，进而在溶液中发生沉淀。因此，本实验采取等电点沉淀法提取蛋白质。

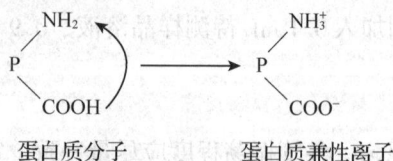

蛋白质分子　　　　　　蛋白质兼性离子

蛋白质正离子　　　　　　蛋白质兼性离子　　　　　　蛋白质负离子
（pH＜pI）　　　　　　　（pH＝pI）　　　　　　　（pH＞pI）

向负极移动　　　　　　　　　原点　　　　　　　　向正极移动

　　牛奶和羊奶中含丰富的蛋白质，其中主要是酪蛋白。酪蛋白在羊奶中约占总蛋白量的75%，牛奶中约占总蛋白量的83%。酪蛋白是一种含磷蛋白的不均一混合物，pI=4.6。根据蛋白质在其等电点相同 pH 溶液中的溶解度最低这个原理，将牛奶的 pH 调至 4.6，即酪蛋白的等电点时，酪蛋白就会被沉淀出来。由于酪蛋白不溶于乙醇，所以用乙醇可以除去酪蛋白沉淀中不溶于水的脂类杂质，从而得到较纯的酪蛋白。所得酪蛋白可用于定性鉴定。鉴定前需除去酪蛋白中尚含有的其他球蛋白、清蛋白等多种蛋白质。

二、实验材料

1. 材料

新鲜牛奶。

2. 化学药品或试剂

　　(1) 0.2 mol/L pH 4.6 乙酸-乙酸钠缓冲液：配制 0.2 mol/L 乙酸钠和 0.2 mol/L 乙酸母液各 100 mL，准确量取 49.0 mL 乙酸钠和 51.0 mL 乙酸混匀。

　　(2) 米伦试剂(Millon)：在通风橱中将 100 g 汞溶于 140 mL 浓硝酸中($\rho=1.42$)，然后加 2 倍体积的双蒸水稀释。

　　(3) 5% 醋酸铅溶液：称取 5.0 g 醋酸铅固体，加适量双蒸水搅拌溶解并定容至100 mL。

　　(4) 10% 氯化钠溶液：称取 10.0 g 氯化钠固体，加适量双蒸水搅拌溶解并定容至100 mL。

　　(5) 0.5% 碳酸钠溶液：称取 0.5 g 碳酸钠固体，加适量双蒸水搅拌溶解并定容至100 mL。

　　(6) 0.1 mol/L 氢氧化钠溶液：称取 4.0 g 氢氧化钠固体，加适量双蒸水搅拌溶解并定容至 100 mL。

　　(7) 0.2% 盐酸溶液：浓盐酸质量分数 36.5%，量取 0.548 mL 浓盐酸，加水稀释并定容至 100 mL。

　　(8) 其他：饱和氢氧化钙、乙醚、无水乙醇、95%乙醇。

三、实验器材

　　烧杯(100 mL)，量筒(50 mL)，pH 计，离心机，培养皿，试管(25 mL)，移液管(1 mL、2 mL)，水浴锅，电炉。

四、实验步骤

1. 酪蛋白的制备

　　取 30 mL 新鲜牛奶，放入 100 mL 烧杯中加热至 40℃。加入 30 mL 加热至同样温度的乙酸-乙酸钠缓冲液，边加边摇动，并用 pH 计检测，调混合液的 pH 至 4.6(可用 1%氢氧化钠溶液或 10%乙酸溶液进行调整，实际中准确加入牛奶与乙酸-乙酸钠缓冲液体积时，可以不用调 pH)。冷却至室温，静置 5 min，将溶液转入离心管中，3 000 r/min 离心5 min，离心后收集沉淀，上清液保留做鉴定实验。所得沉淀重悬在 30 mL 95%乙醇溶液中，3 000 r/min 离心 5 min，弃上清液。将沉淀溶解到 30 mL 无水乙醇和乙醚的等体积混合液中，3 000 r/min 离心 5 min，弃上清液。再次重复上述步骤。将所得沉淀摊平在培养皿上，使醇醚混合液完全挥发。干燥后即得到酪蛋白粗品，称重并计算其得率。

$$\text{酪蛋白得率}(\%) = \frac{\text{测得含量}}{\text{理论含量}} \times 100 \,(\text{理论含量为 } 35.0 \text{ g/L})$$

2. 酪蛋白的性质鉴定

（1）溶解度：取 6 支试管，分别加入水、10% 氯化钠溶液、0.5% 碳酸钠溶液、0.1 mol/L 氢氯化钠溶液、0.2% 盐酸溶液及饱和氢氧化钙溶液各 2 mL。向每管中加入少量酪蛋白，不断摇荡，观察记录各管中的酪蛋白溶解情况。

（2）米伦反应：取酪蛋白少许于试管中，加入 1 mL 双蒸水，再加入 10 滴米伦试剂，振荡并缓慢加热，观察记录颜色变化。

（3）含硫测定：将少量酪蛋白溶解于 1 mL 0.1 mol/L 氢氧化钠溶液中，再加入 2 滴 5% 醋酸铅溶液，加热煮沸，溶液逐渐变为黑色，观察并记录实验结果。

3. 奶清中可凝固性蛋白质的鉴定

将制备酪蛋白时所得的上清液移入烧杯中，缓慢加热，逐渐出现蛋白质沉淀，此即牛奶中的球蛋白和清蛋白。

五、实验结果及分析讨论

（1）记录并计算实验结果。

（2）为什么酪蛋白可以在 pH 4.6 时被沉淀出来？

（3）蛋白质为什么可以用有机试剂沉淀？

（4）如果要测定蛋白质含量，你还知道有哪些蛋白质含量测定的方法？

（5）米伦反应的原理是什么？

（6）是否所有蛋白质的米伦反应都呈阳性？为什么？

六、注意事项

牛奶中的添加剂可能会对实验结果产生影响，需要注意。

实验 20 【蛋白质】醋酸纤维薄膜电泳分离血清蛋白质

一、实验原理

带电微粒在电场作用下向着与其电性相反的电极移动的现象，称为电泳。蛋白质分子是两性电解质，在 pH 小于其等电点的溶液中，蛋白质分子结合一部分 H^+ 而带正电，在电场中向负极移动；在 pH 大于其等电点的溶液中，蛋白质分子解离出 H^+ 而带负电，在电场中向正极移动。本实验以醋酸纤维薄膜为介质，属于支持物电泳，用于分离血清蛋白质。由表 1-20-1 可知，血清中含有的各种蛋白质，其等电点普遍小于生理 pH（7.35～7.45）。因此，在 pH 8.6 缓冲液中，血清中的蛋白质则带负电荷，电泳时，在电场中向正极移动，由于血清中各种蛋白质所带的电荷数量和相对分子质量不同,在电场中的迁移速度也就不同,故可利用电泳将它们分离。一般情况下,带电荷数量越多且相对分子质量越小者泳动速度越快,反之则越慢。

表 1-20-1 正常人血清蛋白质的组成、等电点、相对分子质量和百分含量

蛋白质	等电点(pI)	相对分子质量(M_r)	百分含量/%
清蛋白	4.88	69 000	51~61
α_1-球蛋白	5.06	200 000	4~5
α_2-球蛋白	5.06	300 000	6~9
β-球蛋白	5.12	90 000~150 000	9~12
γ-球蛋白	6.85~7.56	156 000~300 000	15~20

若想对各蛋白质组分进行定量测定,可直接对显色后的醋酸纤维薄膜进行光吸收扫描,绘出区带吸收峰和相对百分含量;也可将所有显色区带剪开,用 0.4 mol/L 氢氧化钠溶液将各区带所含颜料分别洗脱下来,并进行比色,即可测定出各种蛋白质的相对百分含量。

醋酸纤维薄膜由于对样品几乎没有吸附现象,电泳时各区带分界清楚,拖尾现象不明显,样品用量少,电泳时间短,已被广泛应用于血清蛋白、脂蛋白、糖蛋白和同工酶的分离鉴定以及免疫电泳中。

二、实验材料

1. 材料

新鲜兔血清(无溶血)。

2. 化学药品或试剂

(1)电泳缓冲液(硼酸缓冲液,pH 8.6,离子强度为 0.05~0.07):称取 8.8 g 硼砂($Na_2B_4O_7 \cdot 10H_2O$)、4.65 g 硼酸(H_3BO_4),加约 400 mL 双蒸水,加热溶解后,定容至 1 000 mL 容量瓶中。

(2)氨基黑 10B 染色液:0.5 g 氨基黑 10B($C_{22}H_{14}N_6Na_2O_9S_2$)加 10 mL 冰乙酸和 50 mL 甲醇,双蒸水稀释至 100 mL。

(3)漂洗液:45 mL 95%乙醇加 5 mL 冰乙酸,混匀,用双蒸水稀释至 100 mL。

(4)洗脱液(0.4 mol/L 氢氧化钠):称取 16.0 g 氢氧化钠,用少量双蒸水溶解后定容至 1 000 mL。

(5)透明液:25 mL 冰乙酸加 75 mL 95%乙醇,混匀。

(6)其他:冰乙酸、甲醇、95%乙醇、双蒸水。

三、实验器材

电子天平,量筒,容量瓶(1 000 mL),电炉,电泳仪电源,醋酸纤维薄膜电泳槽,醋酸纤维薄膜(8 cm×2 cm),镊子,滤纸,玻璃棒,铅笔,直尺,点样器,平皿,剪刀,具塞试管(10 mL),分光光度计,玻璃板(10 cm×6 cm),水浴锅。

四、操作步骤

1. 准备电源

通电后，检查电泳仪电源是否良好，检测后关闭电源，用电源导线连接电泳仪和电泳槽。

2. 安装电泳槽

在电泳槽的各槽中倒入电泳缓冲液，避免淹没电泳槽中间平台。在电泳槽的两个膜支架上各放两层滤纸，使滤纸的一端与支架前沿对齐，另一端浸入电泳缓冲液内。当滤纸全部浸润后，用玻璃棒轻轻挤压在膜支架上的滤纸以驱赶气泡，使滤纸的一端能紧贴在膜支架上形成滤纸桥，如图 1-20-1 所示。电泳槽使用过程中要保持密闭，以使槽内蒸气饱和，避免水分蒸发，用导线与电泳仪相连，注意正负极不要接错。

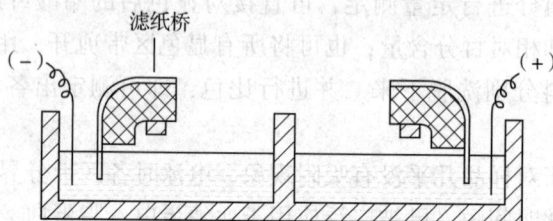

图 1-20-1　电泳槽装置剖视图

3. 点样

用镊子从平皿中取出一条预先使用电泳缓冲液充分浸泡溶胀的醋酸纤维薄膜放在滤纸上，轻轻吸去多余的缓冲液，从而判断出薄膜的光滑面与粗糙面。于粗糙面的一端约 1.5 cm 处轻轻用铅笔和直尺画一直线（该线即为点样线或称原线），如图 1-20-2 所示。用涂抹了足量血清样品的点样器在粗糙面的点样线标记位置点样，点样要轻点并一次完成。

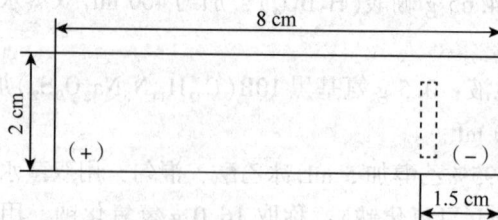

图 1-20-2　醋酸纤维薄膜规格及点样位置示意图（虚线处为点样位置）

4. 薄膜的放置

将点有血清样品的粗糙面一端向下贴在负极的滤纸桥上，切记点样线位置不可接触滤纸桥，薄膜与滤纸之间不可以有气泡，将薄膜搭在两侧的滤纸桥后尽可能将薄膜拉平（图 1-20-3）。然后，盖上电泳槽盖以确保电泳时电泳槽的密闭性。

5. 电泳

打开电泳仪电源开关，并调节薄膜两端电压至 90～110 V，通电 40～60 min 关闭电源。电泳时电流不宜过大，以防止薄膜干燥。

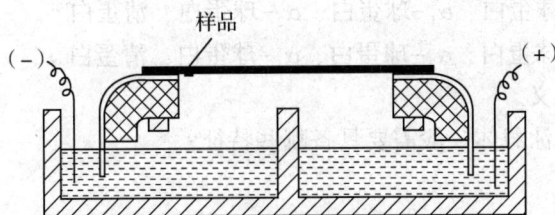

图 1-20-3 醋酸纤维薄膜放置示意图

6. 染色与漂洗

电泳完毕后，切断电源，使用镊子将薄膜取出并浸泡于含氨基黑 10B 染色液的平皿中，5~10 min 完成染色，将染料回收。然后，在平皿中用漂洗液漂洗 2~3 次，每次约 5 min，以无蛋白质区域的蓝色背景消除且能够清晰显示所有蛋白质条带为止。用滤纸吸干薄膜，然后绘图。漂洗后的废液需要收集到专门的废液桶中。

7. 定量

取 6 支具塞试管，编号。将电泳薄膜按蛋白质条带剪开，分别置于试管中。另于薄膜的空白部分剪一平均大小的薄膜条放入空白具塞试管中。各管中加入 5 mL 洗脱液。反复振摇，使其颜色充分洗脱。用分光光度计在波长 650 nm 处进行比色，以空白管为对照，测定清蛋白、α_1-球蛋白、α_2-球蛋白、β-球蛋白和 γ-球蛋白各管的吸光度。

$$吸光度总和 \; T = 2A_{清} + A_{\alpha_1} + A_{\alpha_2} + A_{\beta} + A_{\gamma}$$

$$清蛋白含量(\%) = 2A_{清}/T \times 100$$

$$\alpha_1-球蛋白含量(\%) = A_{\alpha_1}/T \times 100$$

$$\alpha_2-球蛋白含量(\%) = A_{\alpha_2}/T \times 100$$

$$\beta-球蛋白含量(\%) = A_{\beta}/T \times 100$$

$$\gamma-球蛋白含量(\%) = A_{\gamma}/T \times 100$$

式中 $2A_{清}$——清蛋白带稀释 1 倍后的吸光度。

8. 透明保存

在玻璃板上滴加 3~4 滴透明液，将漂洗后晾干的薄膜平铺在上面，并迅速展开，要求膜下无气泡。放置过夜使其自然干燥。然后在 40℃ 左右的温水中浸泡 3~5 min，即可将此透明染有蓝色区带的薄膜揭起，夹在滤纸中，待吸干后即可保存。

五、实验结果及分析讨论

(1)绘制电泳图谱，注明正负极和各条带对应蛋白质的名称。

(2)醋酸纤维薄膜上条带的数目、位置、粗细和颜色深浅分别与哪些因素有关？

(3)醋酸纤维薄膜电泳用 pH 8.6 缓冲液可以把血清蛋白分成 5 个条带，由负极到正极，各蛋白质的排列顺序为(　　)。

A. 清蛋白、β-球蛋白、α_1-球蛋白、α_2-球蛋白、γ-球蛋白

B. 清蛋白、α_1-球蛋白、α_2-球蛋白、β-球蛋白、γ-球蛋白

C. γ-球蛋白、β-球蛋白、α_1-球蛋白、α_2-球蛋白、清蛋白

D. γ-球蛋白、β-球蛋白、α_2-球蛋白、α_1-球蛋白、清蛋白

（4）试述电泳的定义。

（5）作为良好的电泳载体一般需要具备哪些特征？

六、注意事项

（1）点样时按操作步骤进行，血清滴加要均匀，否则会导致电泳图谱不齐或分离不佳。

（2）醋酸纤维薄膜一定要充分浸泡溶胀后才能使用，电泳中，电泳槽一定要密闭。

（3）电泳缓冲液的离子强度不应小于0.05或大于0.07。过小可使区带拖尾，过大则使区带过于紧密。

（4）透明液中冰乙酸含量要适当。含量不足膜发白，含量过高膜可被溶解。

（5）电泳槽中缓冲液要保持清洁。

（6）电泳槽两边缓冲液应保持液面相平。

（7）电泳完毕后，应断开电源后再取薄膜，以免触电。

实验21 【蛋白质】不连续聚丙烯酰胺凝胶电泳分离预染的血清脂蛋白

一、实验原理

聚丙烯酰胺凝胶电泳（polyacrylamide gel electrophoresis，PAGE）是以聚丙烯酰胺凝胶作支持物的一种区带电泳，常用于生物大分子物质的分离鉴定。聚丙烯酰胺凝胶是由丙烯酰胺（简称Acr）和交联剂N, N'-亚甲基双丙烯酰胺（简称Bis）在催化剂作用下聚合而成，具有网状立体结构。

聚丙烯酰胺凝胶电泳有连续和不连续两类系统。本实验采用不连续系统，其不连续性有4种表现。

（1）凝胶孔径的不连续：凝胶分为上下两层，上层是大孔径的浓缩胶，下层为小孔径的分离胶。

（2）缓冲液离子成分的不连续：两层凝胶中的缓冲液为三羟甲基氨基甲烷-盐酸（Tris-HCl），电泳缓冲液为Tris-Gly。

（3）pH的不连续：电极缓冲液pH为8.3，浓缩胶pH为6.8，分离胶pH为8.8。

（4）由不连续的pH产生的电位梯度的不连续。

电泳时两层胶中Tris-HCl中的HCl几乎全部电离产生Cl^-，点样孔中大部分蛋白质在pH 6.8时也解离并带有负电荷。通电后，电泳缓冲液中的Gly进入浓缩胶（缓冲液的pH 8.3变成pH 6.8，而Gly的pI＝5.97），使Gly的解离度发生变化，所带负电荷减少，迁移速度明显下降（称为慢离子）。而Cl^-处于解离状态，且颗粒和摩擦力最小，其迁移速度最快（称为快离子）。此时，蛋白质有较多的负电荷，迁移速度居中。电泳开始后，这3种负离子同向正极移动，因此在浓缩胶中离子迁移速度是$Cl^- >$蛋白质$^- >Gly^-$。快离子Cl^-迅速向前移动，在快离子原来停留的部分则形成低阴离子浓度的低电导区（电位梯度E＝电流强

度 I/电导率 η），电导率与电压梯度成反比，所以低电导区就有了较高的电压梯度。在电压梯度陡增的情况下，迫使蛋白质和慢离子 Gly^- 加速移动，追赶快离子，夹在快慢离子中间的蛋白质样品被浓缩成极窄的区带，这便是电泳中浓缩胶所特有的浓缩效应。此外，凝胶的孔径有一定的大小，相对分子质量不同的蛋白质，通过凝胶时，受到的摩擦力和阻滞程度不同，即使净电荷相等的蛋白质，也会由于分子筛效应而被分开。

由于聚丙烯酰胺凝胶具有三维网状结构，并且采用了不连续系统，因此在电泳时存在 3 种物理分离效应，即电荷效应、分子筛效应和浓缩效应，而浓缩效应是不连续系统中浓缩胶所特有的，这 3 种效应的共同作用，大大提高了该电泳体系的分辨率。

本实验采用不连续聚丙烯酰胺凝胶电泳分离鉴定血清中的脂蛋白。脂蛋白是一类结合蛋白质，血清脂蛋白包括 α-脂蛋白、β-脂蛋白、前 β-脂蛋白、乳糜微粒等组分。将预先用苏丹黑染色的血清样品加入凝胶中，电泳即可直接观察到上述各组分的显色区带，若用光密度扫描仪则可定量测定。

二、实验材料

1. 材料

新鲜兔血清（无溶血）。

2. 化学药品或试剂

（1）分离胶缓冲液（Tris-HCl, pH 8.8）：称取 36.6 g Tris，加 48 mL 1 mol/L 盐酸溶液，用浓盐酸调 pH 至 8.8，再用双蒸水定容至 100 mL，4℃存放。用时加 0.4 mL 四甲基乙二胺（TEMED）。

（2）浓缩胶缓冲液（Tris-HCl, pH 6.8）：称取 6.0 g Tris，加 48 mL 1 mol/L 盐酸溶液，用浓盐酸调 pH 至 6.8，再用双蒸水定容至 100 mL，4℃存放。用时加 0.4 mL TEMED。

（3）30%丙烯酰胺-N, N'-亚甲基双丙烯酰胺（Acr-Bis）：30.0 g Acr、0.8 g Bis，用双蒸水溶解，并定容至 100 mL，过滤后装入棕色瓶备用，4℃保存。

（4）10%过硫酸铵溶液：称取 10.0 g 过硫酸铵，溶于 100 mL 双蒸水中，最好现用现配。

（5）电泳缓冲液（Tris-Gly, pH 8.3）：称取 6.0 g Tris、28.8 g 甘氨酸，用双蒸水溶解并定容至 1 000 mL。用时稀释 10 倍。

（6）苏丹黑溶液：0.1 g 苏丹黑 B 溶于 10 mL 异丙醇中。置 37℃水浴使之充分溶解后，离心取上清液，置室温备用。

（7）40%蔗糖溶液：称取 40.0 g 蔗糖加双蒸水 100 mL。

（8）其他：四甲基乙二胺（TEMED）、95%乙醇、双蒸水、蛋白质相对分子质量标准（Marker，相对分子质量 14 000~94 000）。

三、实验器材

电子天平，容量瓶（100 mL），单垂直或双垂直板电泳仪套装，记号笔，烧杯（100 mL），移液管（1 mL、5 mL、10 mL），微量进样器（50 μL），剥胶板，染色容器，电炉，白瓷盘，水浴锅。

四、操作步骤

1. 样品处理

取 1.8 mL 新鲜兔血清，加 0.2 mL 苏丹黑溶液，置于 37℃ 水浴中保温 30 min 后，再加入 2 mL 40% 蔗糖溶液，混匀备用。

2. 制胶模具安装

将成套的两块玻璃板正确对齐，垂直放置于实验台面上，凹槽玻璃板的凹槽方向朝上，保持两块玻璃板底部平齐，玻璃板两侧粘贴的玻璃长条在两块玻璃板中间隔离出的缝隙即为凝胶的制备空间。若使用单垂直板电泳槽，则用铁夹子将两侧三层玻璃板处夹住，夹在一起的两块玻璃板具有凹槽的一面对外安装于制胶夹具上，利用制胶夹具下部的软胶条将两块玻璃板底部的缝隙进行封闭(此处务必确保密封完整，否则会出现漏液现象，导致无法制胶)，进而形成下部和左右封闭的制胶空间；若使用双垂直板电泳槽，则将正确放置的两套玻璃板放置于专门制胶模具里面，如仅使用一套玻璃板，则可在模具的另一侧装入占位用的专用厚玻璃板，然后两侧都用塑料模具压实封闭即可。单垂直板电泳槽需在玻璃板的缝隙中用胶头滴管加入 2 cm 左右高的 95% 乙醇溶液，检测其密闭性，检测不漏液后，倒去乙醇溶液，干燥后即可开始制胶；双垂直板电泳槽不需要检测密闭性。

3. 凝胶制备及电泳槽安装

凝胶制备时需先制备位于玻璃板下部的分离胶，待分离胶凝固后，再制备位于玻璃板上部的浓缩胶(切记不可同时配制两种凝胶)。为了保障两种凝胶高度的合适，首先，将制备点样孔的梳子正确插入玻璃板中，在玻璃板表面上距离插入玻璃板内的梳齿下端向下约 5 mm 处用记号笔做一直线标记，此标记高度即为分离胶配制的高度。按表 1-21-1 配制表顺序将分离胶的各溶液成分加入烧杯中，迅速摇匀，立即沿凹槽玻璃处灌入玻璃缝隙中，注意不要产生气泡，直至将分离胶加至标记处。随后，立即用胶头滴管加入 95% 乙醇溶液，液面高度至凹槽玻璃板的上缘，进行封闭压胶，静置数分钟，待凝胶聚合。当凝胶与封闭用乙醇溶液之间重新出现明显的分界线时，表明凝胶已完成聚合。

表 1-21-1 凝胶配制

试剂/mL	凝胶	
	分离胶	浓缩胶
30% Acr-Bis	4.0	0.8
分离胶缓冲液(pH 8.8)	2.7	—
浓缩胶缓冲液(pH 6.8)	—	1.0
双蒸水	9.0	3.0
10% 过硫酸铵溶液	0.3	0.15

先倒掉分离胶上封闭用的乙醇溶液，待乙醇溶液干燥后，按表 1-21-1 配制浓缩胶，摇匀后立即加入玻璃缝隙中的分离胶上，注意浓缩胶高度，以插入梳子后不溢出凝胶为准，随后立刻插入梳子。等待数分钟，待浓缩胶凝固后，取出含胶玻璃板，安装电泳槽。

4. 点样

在电泳槽上下槽中分别加入电泳缓冲液，其中，上槽缓冲液高度需要淹没凹槽玻璃板上沿，拔出梳子，注意保持胶柱的直立。然后用微量进样器在点样孔内分别加入蛋白质相对分子质量标准和预染的血清样品各 10 μL，具体加样体积可根据点样孔大小进行调整。

5. 电泳

使用单垂直板电泳仪时，直接插入电源即可开始电泳；使用双垂直板电泳仪时，需要先将电源线接通至电泳仪电源，调节电压 150 V，持续电泳。待指示剂迁移至距离凝胶底部 1 cm 左右时即可停止电泳。

6. 剥胶及绘图

关闭电源，拆除电源或导线及电泳槽盖后，将电泳槽中的缓冲液倒出，避免缓冲液流过电极处，取出玻璃板，先用自来水将玻璃板冲洗干净，然后使用专用撬玻板撬开两块玻璃板，剥离出凝胶后放置于白瓷盘上进行观察，绘制电泳图谱。

五、实验结果及分析讨论

(1)绘制电泳图谱，注明正负极、Marker 各条带的相对分子质量及血清各脂蛋白名称。

(2)连续聚丙烯酰胺和不连续聚丙烯酰胺凝胶电泳的差异有哪些？

(3)浓缩胶和分离胶分别具有哪些分离作用？又各自以何种分离作用为主要作用？

(4)不连续聚丙烯酰胺凝胶电泳与 SDS-聚丙烯酰胺凝胶电泳存在什么异同点？

六、注意事项

(1)丙烯酰胺与 N, N'-亚甲基双丙烯酰胺是神经性毒剂，并对皮肤有刺激作用，故操作时应避免与皮肤接触。

(2)过硫酸铵溶液最好是现用现配，时间过长容易失效。

(3)正常血清脂蛋白组成见表 1-21-2 所列。

表 1-21-2　血清脂蛋白的颗粒直径、蛋白质含量和甘油三酯含量

项目	脂蛋白类别			
	乳糜微粒	前 β-脂蛋白	β-脂蛋白	α-脂蛋白
颗粒直径/nm	80~150	25~80	20~25	5~30
蛋白质含量/%	0.8~2.5	5~10	25	45~50
甘油三酯含量/%	80~95	50~70	10	5

实验 22　【蛋白质】SDS-聚丙烯酰胺凝胶电泳测定蛋白质相对分子质量

一、实验原理

SDS-聚丙烯酰胺凝胶电泳(sodium dodecyl sulfate polyacrylamide gel electrophoresis，SDS-PAGE)是一种常用的定性分析蛋白质的电泳方法，多用于测定蛋白质相对分子质量。

十二烷基硫酸钠(SDS)是一种阴离子型表面活性剂，SDS 能破坏蛋白质分子的非共价键，使蛋白质变性而改变原有的空间构象。尤其是在强还原剂(如 β-巯基乙醇)存在的情况下，蛋白质分子内的二硫键进一步被断裂，在两者的共同作用下，蛋白质分子将由立体结构变性为线状形态。SDS 以其疏水基和蛋白质的疏水区相结合，形成牢固的带负电荷的蛋白质-SDS 复合物。SDS 与蛋白质的结合是高密度的，当 SDS 的浓度大于 1 mmol/L 时，SDS 与蛋白质的质量比通常为 1.4：1。据计算，结合蛋白质分子上的 SDS 分子数目和蛋白质的氨基酸残基比值一般为 1：2。这种复合物由于结合了大量的 SDS，所引入的净电荷大大超过了蛋白质原有的净电荷(约 10 倍)，使蛋白质丧失了原有的电荷状态，形成仅保持原有分子大小但屏蔽了蛋白质天然电荷差异的负离子复合物。因而，各蛋白质 SDS-复合物具有均一的电荷密度、相同的荷质比，各复合物的电泳相对迁移率则主要取决于蛋白质的相对分子质量，而与所带电荷和形状无关。

实验 22　视频

当蛋白质相对分子质量在 11 700～200 000 时，电泳相对迁移率与相对分子质量的对数存在线性关系，符合以下方程式：

$$\lg M_r = K - bR_f$$

式中　M_r——蛋白质相对分子质量；

　　　K——常数；

　　　b——斜率；

　　　R_f——电泳相对迁移率。

基于这一关系，通过测定几个已知相对分子质量的标准蛋白质的相对迁移率，即可获得一个相对分子质量与相对迁移率的标准曲线。未知蛋白质在相同条件下进行电泳，测得它的相对迁移率，即可通过标准曲线求得其相对分子质量。

影响相对迁移率的因素较多，因此，在使用 SDS-PAGE 测定相对分子质量时，每次测定样品必须同时制作标准曲线。有许多蛋白质是由多个亚基或两条以上的肽链组成的，它们在 SDS 和 β-巯基乙醇的共同作用下最终都解离成单条肽链，因此对于这些蛋白质，测定的只是亚基或单条肽链的相对分子质量，而非蛋白质整体的相对分子质量。

二、实验材料

1. 材料

未知蛋白样品(将提取的蛋白溶解于一定体积的上样缓冲液，沸水中加热 3 min，冷却备用)。

2. 化学药品或试剂

(1)分离胶缓冲液(Tris-HCl，pH 8.8)：称取 18.17 g Tris、0.4 g SDS，溶于双蒸水，用 3 mol/L 盐酸溶液调 pH 至 8.8，再用双蒸水定容至 100 mL，其中 Tris 为 1.5 mol/L，SDS 为 0.4%，贮于 4℃冰箱中。

(2)浓缩胶缓冲液(Tris-HCl，pH 6.8)：称取 6.06 g Tris、0.4 g SDS，溶于双蒸水，用 3 mol/L 盐酸溶液调 pH 至 6.8，用双蒸水定容至 100 mL，其中 Tris 为 0.5 mol/L，SDS 为 0.4%，贮于 4℃冰箱中。

(3)30%丙烯酰胺-N,N'-亚甲基双丙烯酰胺(Acr-Bis)：29.2 g Acr、0.8 g Bis，用双蒸水溶解，并定容至 100 mL，过滤后装入棕色瓶备用，贮于4℃冰箱中。

(4)10%过硫酸铵溶液：称取 1.0 g 过硫酸铵，溶于 10 mL 双蒸水中，最好现用现配。

(5)2 倍上样缓冲液(pH 8.0)：含 2 mL 0.5 mol/L Tris-HCl(pH 6.8)、2 mL 甘油、2 mL 20% SDS、0.5 mL 0.1%溴酚蓝、1.0 mL β-巯基乙醇、2.5 mL 双蒸水(注：调完 pH 后再加 β-巯基乙醇。室温下可以保存 1 个月左右，-20℃可以存放 1 年)。

(6)电泳缓冲液(pH 8.3)：准确称取 3.03 g Tris、14.41 g 甘氨酸、1.0 g SDS、溶于双蒸水，定容至 1 000 mL。

(7)染色液：称取 1.0 g 考马斯亮蓝 R-250，溶解于 250 mL 异丙醇，加入 100 mL 乙酸，使用双蒸水定容至 1 000 mL，过滤除去颗粒物，室温保存。

(8)脱色液：量取 50 mL 乙醇、100 mL 乙酸，用双蒸水定容至 1 000 mL。

(9)其他：四甲基乙二胺(TEMED)、95%乙醇、双蒸水、蛋白质相对分子质量标准(Marker，相对分子质量 14 000~94 000)。

三、实验器材

电子天平，容量瓶(100 mL)，棕色瓶，单垂直或双垂直板电泳套装，烧杯(100 mL)，移液管(1 mL、5 mL、10 mL)，微量进样器(50 μL)，剥胶板，染色容器，电炉，白瓷盘。

四、操作步骤

1. 制胶模具的安装

将成套的两块玻璃板正确对齐，垂直放置于实验台面上，凹槽玻璃板的凹槽方向朝上，保持两块玻璃板底部平齐，玻璃板两侧粘贴的玻璃长条在两块玻璃板中间隔离出的缝隙即为凝胶的制备空间。若使用单垂直板电泳槽，则用铁夹子将两侧三层玻璃板处夹住，夹在一起的两块玻璃板具有凹槽的一面对外安装于制胶夹具上，利用制胶夹具下部的软胶条将两块玻璃板底部的缝隙进行封闭，进而形成下部和左右封闭的制胶空间；若使用双垂直板电泳槽，则将正确装置的两套玻璃板放置于专门制胶模具里面，如仅使用一套玻璃板，则可在模具的另一侧装入占位用的专用厚玻璃板，然后两侧都用塑料模具压实封闭即可。单垂直板电泳槽需在玻璃板的缝隙中用胶头滴管加入 2 cm 左右高度的 95%乙醇溶液，检测其密闭性，检测不漏液后，倒去乙醇溶液干燥后即可开始制胶；双垂直板电泳槽不需要检测密闭性。

2. 凝胶制备及电泳槽组装

凝胶制备时，需先制备位于玻璃板下部的分离胶，待分离胶凝固后，再制备位于玻璃板上部的浓缩胶(切记不可同时配制两种凝胶)。为了保障两种凝胶合适的高度，首先，将制备点样孔的梳子正确插入玻璃板中，在玻璃板表面上距离插入玻璃板内的梳齿下端向下约 5 mm 处用记号笔做一直线标记，此标记高度即为分离胶配制的高度。本实验选择浓度为12.5%的分离胶，按表 1-22-1 配制表顺序将各溶液加入烧杯中，迅速摇匀，立即沿凹槽玻璃处灌入玻璃缝隙中，注意不要产生气泡，直至将分离胶加至标记处。随后，立即用胶头滴管加入 95%乙醇溶液，液面高度至凹槽玻璃板的上缘，进行封闭压胶，静置数分钟待凝胶聚

表 1-22-1 凝胶配制

试剂/mL	分离胶浓度					浓缩胶
	7.5%	10%	12.5%	15%	30%	4%
分离胶缓冲液	4.0	4.0	4.0	4.0	4.0	—
浓缩胶缓冲液	—	—	—	—	—	1.25
Acr-Bis	4.0	5.3	6.7	8.0	10.7	0.75
双蒸水	8.0	6.7	5.3	4.0	1.3	3.0
10%过硫酸铵溶液	0.3	0.3	0.3	0.3	0.3	0.15
TEMED	0.008	0.008	0.008	0.008	0.008	0.005

合。当凝胶与封闭用乙醇溶液之间重新出现明显的分界线时，表明凝胶已聚合。

先倒掉分离胶上封闭用的乙醇溶液，待乙醇溶液干燥后，按表 1-22-1 配制 4% 的浓缩胶，摇匀后立即加入玻璃缝隙中的分离胶上，注意浓缩胶高度，以插入梳子后不溢出凝胶为准。随后立刻插入梳子。等待数分钟，待浓缩胶凝固后，取出含胶玻璃板，安装电泳槽。

3. 点样

在电泳槽上下槽中分别加入电泳缓冲液，其中，上槽缓冲液高度需要淹没凹槽玻璃板上沿，拔出梳子，然后用微量进样器在点样孔内分别加入蛋白质相对分子质量标准和待测蛋白质样品各 5~10 μL，具体加样体积依据点样孔大小进行调节。

4. 电泳

使用单垂直板电泳仪时，直接插入电源即可开始电泳；使用双垂直板电泳仪时，需要先将电源线接通至电泳仪电源，调节电压 150 V，持续电泳。待指示剂迁移至距离凝胶底部 1 cm 左右时即可停止电泳。

5. 凝胶染色

关闭电源，拆除电源或导线及电泳槽盖后，将电泳槽中的缓冲液倒出，避免缓冲液流过电极处，取出玻璃板，先用自来水将玻璃板冲洗干净，然后使用专用撬玻板撬开两块玻璃板，剥离出凝胶后，可适当将浓缩胶做切除处理，然后将凝胶置于染色盒中，加入染色液，保持凝胶全覆盖，室温染色时间较长，可能需要数十分钟，加热染色可缩短至 3~5 min。染色完毕，将染色液回收。

6. 脱色

除去染色液后，用双蒸水少许冲洗胶上的染色液，该废液需收集于专用废液桶中，然后加入脱色液在加热条件下进行脱色处理，每次脱色 10~20 min，脱色 2~3 次，各步骤所产生的脱色废液均需收集于专用废液桶中，脱色程度以能够准确看到清晰的蛋白条带为准，随后，可放置于白瓷盘上观察结果，测量并计算各蛋白质的相对迁移率。

五、实验结果及分析讨论

（1）绘制电泳图谱，注明正负极、Marker 各条带的相对分子质量。

(2)计算 Marker 及未知蛋白样品的相对迁移率(R_f)：各距离都以浓缩胶与分离胶的分界线为起点。

$$相对迁移率 = \frac{蛋白质移动距离(cm)}{指示剂移动距离(cm)}$$

(3)绘制相对迁移率与相对分子质量之间的标准曲线，并求出未知蛋白质的相对分子质量。

(4)β-巯基乙醇和 SDS 在本实验中有什么作用？

(5)为什么用 SDS-PAGE 测定相对分子量时，每次都必须同时制作标准曲线？

(6)哪些蛋白质可以采用 SDS-PAGE 测定相对分子质量？

六、注意事项

(1)不同的凝胶浓度适用于不同的相对分子质量范围，根据蛋白质相对分子质量范围选择合适的凝胶浓度(表 1-22-2)。

表 1-22-2　凝胶浓度与分离蛋白质相对分子质量匹配表

聚丙烯酰胺的浓度/%	交联度/%	蛋白质的相对分子质量
5	2.6	25 000~200 000
10	2.6	10 000~70 000
15	2.6	10 000~50 000

在实际工作中，可先做预备实验来确定最终需要采用的凝胶浓度，以使分离效果达到最佳。

(2)不是所有蛋白质都能用 SDS-PAGE 测定其相对分子质量。

(3)在 SDS-PAGE 中出现拖尾、染色条带的背景不清等现象，可能是由于 SDS 不纯引起，故必须选用高纯度 SDS。

实验 23　【蛋白质】SDS-聚丙烯酰胺凝胶电泳及蛋白印迹

一、实验原理

将各种生物大分子从分离后的凝胶中转移到一种固体基质上的过程称为印迹技术(blotting)。印迹技术是一种鉴定生物大分子的重要技术，包括鉴定 DNA 的 Southern blotting、鉴定 RNA 的 Northern blotting 及鉴定蛋白质的 Western blotting。

蛋白质印迹一般由凝胶电泳、样品的印迹和固定检测等实验步骤组成。其方法是先使用 SDS-聚丙烯酰胺凝胶电泳将蛋白质样品各组分进行分离，然后通过转移电泳将凝胶中已分离的蛋白质组分转移到硝酸纤维素薄膜(或尼龙膜)上。硝酸纤维薄膜以非共价键形式吸附蛋白质，能保证电泳分离物质的类型及其生物学活性不变。以硝酸纤维薄膜上的蛋白质或多肽作为抗原，与对应的抗体起免疫反应，再与酶或同位素标记的第二抗体起反应，经过底物显色或放射自显影即可检查混合样品中有无待测组分存在。

二、实验材料

1. 材料

含外源表达基因的大肠杆菌(*E. coli*)。

2. 化学药品或试剂

(1)分离胶缓冲液(Tris-HCl, pH 8.8):称取 18.17 g Tris、0.4 g SDS,溶于双蒸水,用 3 mol/L 盐酸溶液调 pH 至 8.8,用双蒸水定容至 100 mL,其中 Tris 为 1.5 mol/L,SDS 为 0.4%,贮于 4℃冰箱中。

(2)浓缩胶缓冲液(Tris-HCl, pH 6.8):称取 6.06 g Tris、0.4 g SDS,溶于双蒸水,用 3 mol/L 盐酸溶液调 pH 至 6.8,用双蒸水定容至 100 mL,其中 Tris 为 0.5 mol/L,SDS 为 0.4%,贮于 4℃冰箱中。

(3)30%丙烯酰胺-N, N'-亚甲基双丙烯酰胺(Acr-Bis):29.2 g Acr、0.8 g Bis,用双蒸水溶解,并定容至 100 mL,过滤后装入棕色瓶备用,贮于 4℃冰箱中。

(4)10%过硫酸铵溶液:称取 1.0 g 过硫酸铵,溶于 10 mL 双蒸水中,可以使用 2 周左右,过期将会失去催化能力。

(5)2 倍上样缓冲液(pH 8.0):含 2 mL 0.5 mol/L Tris-HCl(pH 6.8)、2 mL 甘油、2 mL 20% SDS、0.5 mL 0.1%溴酚蓝、1.0 mL β-巯基乙醇、2.5 mL 双蒸水(注意:调完 pH 后再加 β-巯基乙醇。室温下可以保存 1 个月左右,-20℃可以存放 1 年)。

(6)电泳缓冲液(pH 8.3):准确称取 3.03 g Tris、14.41 g 甘氨酸、1.0 g SDS、溶于双蒸水,定容至 1 000 mL。

(7)染色液:称取 1.0 g 考马斯亮蓝 R-250,溶解于 250 mL 异丙醇,加入 100 mL 乙酸,使用双蒸水定容至 1 000 mL,过滤除去颗粒物,室温保存。

(8)脱色液:量取 50 mL 乙醇、100 mL 乙酸,用双蒸水定容至 1 000 mL。

(9)LB 培养基:1 L 培养基中含有 12.0 g 细菌培养用胰蛋白胨、5.0 g 酵母提取物、10.0 g 氯化钠。首先用少量双蒸水将上述溶质溶解,再用 5 mol/L 氢氧化钠溶液调 pH 至中性,最后定容至 1 L,在 1.034×10^5 Pa 高压蒸汽灭菌 20 min。

(10)TM 培养基:含有 2.0 g/L 细菌培养用胰蛋白胨、24.0 g/L 酵母提取物、10.0 g/L 氯化钠、6 mL/L 甘油,用 1 mol/L Tris 调 pH 至 7.4,定容至 1 L,1.034×10^5 Pa 高压蒸汽灭菌 20 min。

(11)印迹缓冲液(现用现配):含有 24 mmol/L Tris-HCl、192 mmol/L Gly、20%甲醇,用盐酸调 pH 至 8.3。

(12)10 倍 PBS 储存液(含有 0.2 mol/L 磷酸氢二钾-磷酸二氢钾,pH 7.4,5 mol/L 氯化钠):分别称取 34.8 g 磷酸氢二钾、27.2 g 磷酸二氢钾,用少量双蒸水溶解后,定容至 1 000 mL(两者分开配制)。以其中一种为母液,用另一种调 pH 至 7.4,取 500 mL 调好 pH 的缓冲液再加入 146.3 g 氯化钠。用时稀释 10 倍使用。

(13)封闭液:含有 3%牛血清蛋白的磷酸盐缓冲液(PBS)。

(14)漂洗液:含有 1%吐温(Tween-20)的 PBS。

(15)特异性抗体检测试剂:

A 稀释液：1 倍 PBS 缓冲液；B 显色液：称取 30.0 mg 4-氯萘酚，溶解在 12 mL 甲醇中，然后加 PBS 至 50 mL，最后加入 100 μL 30%过氧化氢溶液；C 第一抗体：即 SDS-PAGE 所分离抗原的小鼠腹水多克隆抗体；D 酶标二抗：辣根过氧化物酶标记的羊抗鼠 IgG(HRP-IgG)。

(16)其他：四甲基乙二胺(TEMED)、氨苄西林、异丙基硫代-β-D-半乳糖(IPTG)、无水乙醇、30%过氧化氢溶液、蛋白质相对分子质量标准(市售)、7%乙酸保存液、双蒸水。

三、实验器材

恒温振荡摇床，锥形瓶(250 mL)，移液器(100 μL、1 000 μL)，冷冻离心机，电炉，垂直电泳槽套装，移液管(1 mL、2 mL、5 mL)，胶头滴管，微量进样器(50 μL)，电转移套装，电泳仪，染色缸，直尺，白瓷盘，乳胶手套，玻璃棒，硝酸纤维薄膜，Whatman 滤纸，海绵块，镊子，塑料盒，长短针头。

四、操作步骤

1. SDS-PAGE 分离蛋白

(1)菌体的获得：将含外源表达基因的 *E. coli* 在 LB[含 50 μg/mL 氨苄西林(Amp)]培养基中过夜培养，上述培养液按 1∶50~1∶100 的比例接种到 100 mL TM 培养基(含 50 μg/mL Amp)中，37℃，250 r/min 培养 3 h 左右。向培养基中加入 50 μL 1 mol/L IPTG，使终浓度达到 0.5 mmol/L，37℃，250 r/min 继续培养 4~5 h，进行外源基因的诱导表达。4℃，4 000 r/min 离心 20 min，弃上清液，收获菌体，菌体 20℃存放备用。

(2)样品的制备：经细胞破碎后的待测菌体样品和标准蛋白分别与 2 倍上样缓冲液 1∶1 混匀，并在 100℃沸水浴中保温 3~5 min，取出备用。

(3)模具安装及分离胶制备：安装好制胶模具，标记好分离胶及浓缩胶的胶面高度位置，根据分离物的相对分子质量选择适当浓度的分离胶并配制(参考表 1-22-1)。混匀后，灌入两玻璃板夹缝中，并小心在胶面上加入无水乙醇进行封闭，待胶凝固后倾斜倒出无水乙醇，等待分离胶表面干燥。

(4)浓缩胶配制：配制 4%的浓缩胶，混匀后，迅速灌入胶面干燥的分离胶上，并在两玻璃板夹缝中插入厚度为 1 mm 的梳子，待凝固后小心拔出梳子。

(5)电泳槽安装、上样及电泳：将含有凝胶的玻璃板安装于电泳槽中，并在上下槽中分别加入电泳缓冲液，拔出梳子。在同一块凝胶上，在凝胶的左右两侧点样孔中分别依次加入 10 μL 标准蛋白和相同量的样品液，共 4 个。接通电源，电压调至 150 V，开始电泳，当溴酚蓝移动到距离凝胶底部约 1 cm 时，切断电源，停止电泳。

(6)凝胶剥离及染色：倒掉电泳缓冲液，将含胶玻璃板从电泳槽中取出，先用自来水进行冲洗干净。然后，用撬玻板撬开玻璃板，小心从玻璃板上取下凝胶。弃去浓缩胶，保留分离胶。将凝胶切为左右两半，一半凝胶(含标准蛋白和样品各 1 个)在染色缸中用染色液染色，显示出全部蛋白质条带，用于观察蛋白质总体情况；另一半凝胶(含标准蛋白和样品各 1 个)用于印迹转移。此时，可得到待测样品的蛋白图谱，并计算每个蛋白质成分的相对分子质量。通常以相对迁移率(R_f)来表示，其计算方法如下。

用直尺分别量出样品条带中心及染料前沿与分离胶凝胶顶端的距离，按下式计算：

$$R_f = \frac{样品迁移距离（cm）}{染料迁移距离（cm）}$$

以标准蛋白质的相对分子质量 M_r 的对数对相对迁移率作图得到标准曲线，根据待测样品的相对迁移率，利用标准曲线求得未知蛋白质的相对分子质量。

2. 凝胶印迹

(1)印记材料的处理：戴上乳胶手套，将硝酸纤维薄膜裁成比印迹凝胶略大的形状，滤纸裁成比硝酸纤维薄膜略大的形状。然后，将印记用凝胶块、滤纸、硝酸纤维薄膜和海绵放入装有印迹缓冲液的小塑料盒中，漂洗 10 min。

(2)"三明治"结构的组装：按照海绵、三层滤纸、硝酸纤维薄膜、凝胶、三层滤纸、海绵的顺序做成"三明治"结构，放入转移夹中。制备过程中，每放置一层材料，需将材料层间可能存在的气泡用玻璃棒赶压清理出。

(3)电泳：向转印电泳槽中倒入印迹缓冲液，将转移夹放入，凝胶朝向负极，硝酸纤维薄膜朝正极，印迹时电流从负极到正极，即能将凝胶上的蛋白质转移至硝酸纤维薄膜上。安装完毕，将转膜电泳槽连通冷凝水，电压调至 150 V，电泳 1~2 h 后，关闭电源，停止转膜。

3. 特异性谱带的检出（特异性抗体检测）

(1)封闭孵育：从"三明治"中用镊子小心取出硝酸纤维素薄膜，用 PBS 漂洗后，放置于小塑料盒中，加入封闭液，室温振荡 3 h 以上。

(2)一抗孵育：倒出封闭液(置于 4℃ 冰箱中，可重复使用)，加入用 PBS 稀释的第一抗体(按效价比例稀释的小鼠腹水多克隆抗体)，在室温下振摇至少 3 h 或 4℃ 冰箱中静置过夜。

(3)二抗孵育：用漂洗液漂洗 3 次，每次振摇 5 min。加入用 PBS 稀释的酶标二抗(按商品说明书要求进行稀释)，在室温下振摇，孵育 30 min。

(4)显色：用漂洗液漂洗 3 次，每次振摇 5 min。然后，用显色液(临用前加过氧化氢)显色，到显色清晰时，用双蒸水终止反应。

五、实验结果及分析讨论

(1)绘制电泳图谱，注明电泳正负极、Marker 各条带的相对分子质量。

(2)绘制 Western blotting 结果图。

(3)计算标准蛋白质及样品的相对迁移率。

(4)转膜过程中为什么需要保障"三明治"结构的紧密贴合？

(5)假如特异性抗体检测结果不理想，如何处理？

六、注意事项

Western blotting 过程中封闭、一抗和二抗的孵育试剂使用剂量及时间对于良好结果的产生非常重要，往往需要通过多次摸索方可获得最佳条件。

实验 24　【核酸】紫外吸收法测定核酸含量

一、实验原理

在核酸、核苷酸、碱基及其衍生物的各种组分中都含有嘌呤、嘧啶碱基，这些碱基都具有共轭双键，它们能强烈吸收波长 250～280 nm 处的紫外光。核酸（DNA 和 RNA）的特征吸收峰在波长 260 nm 处。因此，可通过测定核酸在波长 260 nm 处的吸光度来计算核酸的含量。本实验采用比消光系数法测定核酸的含量，核酸的摩尔消光系数（或称吸收系数）用 $\varepsilon(p)$ 来表示。$\varepsilon(p)$ 为每升溶液中核酸含有 1 mol 磷原子时对应的吸光度（即 A_{260} 值）（表 1-24-1）。例如，用质量浓度表示时，每毫升含 1.0 μg DNA 溶液的吸光度约为 0.020，故测定未知浓度的 DNA 溶液在波长 260 nm 处的吸光度，即可计算出该样品 DNA 的含量。表 1-24-1 所展示的数据是对常规的核酸而言，其吸光度会受碱基组成、核酸链的长短以及单双链状态等因素影响。

表 1-24-1　核酸摩尔消光系数及相应吸光度

样品	$\varepsilon(p)$(pH 7, 260 nm)	含磷量/%	$A_{260}/(1.0$ μg/mL$)$
RNA	7 700～7 800	9.5	0.022～0.024
DNA 钠盐(小牛胸腺)	6 600	9.2	0.02

紫外吸收法简便、迅速、灵敏度高，消耗样品相对较少，对于含有微量蛋白质的核酸样品，测定误差较小。RNA 在波长 260 nm 与 280 nm 处的光吸收比值在 2.0 左右，DNA 在波长 260 nm 和 280 nm 处的光吸收比值在 1.8 左右，当样品中蛋白质含量较高时，光吸收比值下降。若样品内混杂大量的核苷酸或蛋白质等能吸收紫外光的物质，则测定误差较大，应先除去。

二、实验材料

1. 材料

待测核酸样品。

2. 化学药品或试剂

(1)过氯酸–钼酸铵沉淀剂：含 0.25% 钼酸铵的 2.5% 过氯酸溶液。如需配制 200 mL，可在 193 mL 双蒸水中加入 7 mL 70% 过氯酸溶液和 0.5 g 钼酸铵。

(2)5% 氨水溶液。

三、实验器材

电子天平，pH 计，量筒(50 mL)，容量瓶(50 mL、100 mL)，移液管(1 mL、2 mL)，冰盒，离心机，离心管，紫外分光光度计。

四、操作步骤

1. 样品溶液的配制

称取 0.25 g 待测核酸样品，先用少量双蒸水溶解调成糊状，再加约 30 mL 双蒸水，用

5%氨水溶液调 pH 至 6,助溶,待全部溶解后转移至容量瓶内,定容至 50 mL,配制成 5.0 mg/mL 溶液。

2. 样品处理

取 2 个离心管并编号,向 1 号离心管中加入 2 mL 浓度为 5.0 mg/mL 样品溶液和 2 mL 双蒸水,向 2 号离心管内加 2 mL 浓度为 5.0 mg/mL 样品溶液,再加 2 mL 过氯酸-钼酸铵 沉淀剂以除去大分子的核酸作为对照管。摇匀后在冰浴或冰箱中放置 30 min 使沉淀完全。 然后以 3 000 r/min 离心 10 min,分别吸取上清液 1 mL 于 2 个容量瓶内,以双蒸水定容至 100 mL。

3. 检测

使用紫外分光光度计测定上述两个稀释溶液,以双蒸水作空白,用 1 cm 的石英比色 杯,于波长 260 nm 处测其吸光度,分别记为 A_1 和 A_2。

4. 计算

样品中核酸的含量按下式计算:

$$样品中\ DNA(RNA)的含量(\mu g) = \frac{A_1 - A_2}{0.020(或\ 0.022)} \times V \times D$$

式中　V——被测样品溶液的体积(mL);

　　　D——样品溶液测定时的稀释倍数;

　　　0.020(或 0.022)——DNA(RNA)的比消光系数,即浓度为 1.0 mg/L 水溶液(pH 为
　　　　　　　　　　　　　中性)在波长 260 nm 处,通过光径为 1 cm 的比色皿时的吸光
　　　　　　　　　　　　　度,由于大分子核酸易发生变性,此值随变性程度不同而异,
　　　　　　　　　　　　　采用比消光系数测定也是近似值。

样品中核酸的质量分数按下式计算:

$$DNA(RNA)的质量分数(\%) = \frac{\dfrac{A_1 - A_2}{0.020(或\ 0.022)}}{C} \times 100$$

式中　C——测定时样品溶液的浓度(mg/L);

　　　其他符号同上。

五、实验结果及分析讨论

(1)计算出样品的 DNA 含量。

(2)样品中如果有核苷酸杂质会造成结果出现何种变化?应如何处理?

(3)样品中如果有蛋白质杂质会造成结果出现何种变化?应如何处理?

(4)除了紫外吸收法外,还有哪些方法可以检测核酸含量?

(5)如果样品出现降解,检测结果发生何种变化?

六、注意事项

溶解样品后要及时进行检测,避免发生降解情况。

实验 25　【核酸】二苯胺法测定 DNA 含量

一、实验原理

在酸性条件下加热，DNA 被水解为嘌呤、脱氧核糖或脱氧嘧啶核苷酸等组分。其中，脱氧核糖在酸性条件下，脱水生成 ω-羟基-γ-酮基戊醛，后者与二苯胺作用呈蓝色，在波长 595 nm 处有最大光吸收。

其具体化学反应为：

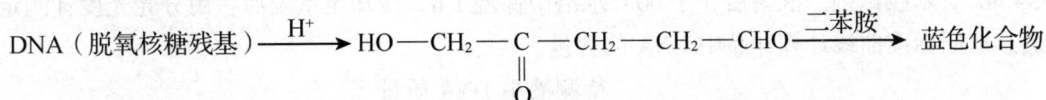

$$DNA（脱氧核糖残基）\xrightarrow{H^+} HO—CH_2—\underset{\underset{O}{\|}}{C}—CH_2—CH_2—CHO \xrightarrow{二苯胺} 蓝色化合物$$

当样品中 DNA 含量在 40～400 μg 时，吸光度大小与 DNA 的浓度成正比。

样品中含有少量 RNA 不影响测定结果，但是蛋白质、脱氧核糖、阿拉伯糖和芳香醛等能与二苯胺形成各种有色物质，进而干扰测定。在反应中加入少量乙醛可以提高反应灵敏度。

二、实验材料

1. 材料
DNA 钠盐。

2. 化学药品或试剂
（1）DNA 标准溶液：准确称取 DNA 钠盐，用 0.05 mol/L 氢氧化钠溶液配成 200.0 μg/mL 溶液。

（2）二苯胺溶液：称取 1.0 g 结晶二苯胺，溶于 100 mL 分析纯的冰乙酸中，再加入 60% 以上的过氯酸 10 mL，混匀待用。临用前加入 1 mL 1.6% 乙醛溶液，配得的试剂应为无色。

（3）样品测定液：准确称取干燥的 DNA 制品，用双蒸水配成 100.0 μg/mL 溶液。若测定 RNA 制品中 DNA 含量时，要求 RNA 制品的每毫升待测液中至少含有 20.0 μg DNA 才能进行测定。

三、实验器材

电子天平，试管（25 mL），移液管（2 mL、5 mL），水浴锅，分光光度计。

四、操作步骤

1. DNA 标准曲线的制作
取 6 支洁净干燥试管，编号，按表 1-25-1 加入试剂。

混匀后，于 60℃ 水浴中保温 1 h。冷却至室温后，用分光光度计测定吸光度 A_{595}。以 DNA 浓度为横坐标，吸光度 A_{595} 为纵坐标，绘制标准曲线。

表 1-25-1　DNA 标准曲线反应试剂组成

试剂/mL	试管编号					
	1	2	3	4	5	6
标准 DNA 溶液	—	0.4	0.8	1.2	1.6	2.0
双蒸水	2.0	1.6	1.2	0.8	0.4	—
二苯胺溶液	4.0	4.0	4.0	4.0	4.0	4.0

2. 样品 DNA 含量测定

取 3 支试管, 各加入 2 mL 待测溶液(DNA 含量应调整至标准曲线可测范围内), 各加入 4 mL 二苯胺试剂。混匀后, 于 60℃水浴中保温 1 h。冷却至室温后, 用分光光度计测定 A_{595}。对照标准曲线计算样品中 DNA 的含量。

$$DNA(\%) = \frac{待测液中 DNA 质量}{待测液中样品质量} \times 100$$

五、实验结果及分析讨论

(1)计算出样品的 DNA 含量。

(2)样品中如果 DNA 含量超出检测范围应如何处理?

(3)样品中如果混有较多的 RNA 应该如何处理?

(4)如果样品出现降解, 检测结果发生何种变化?

六、注意事项

对于可能产生干扰的杂质, 尽可能在检测前除去。

实验 26　【核酸】定磷法测定 RNA 含量

一、实验原理

核酸是由许多单核苷酸通过磷酸二酯键连接起来的长链状多核苷酸聚合物, 而每个单核苷酸分子则由一个含氮碱基(嘌呤或嘧啶)、一分子戊糖(核糖或脱氧核糖)和一分子磷酸组成。因此在核酸分子中, 含氮碱基、戊糖和磷酸几乎以等分子数存在, 所以只要测定三者中的任一种成分, 就可推算出核酸的含量。测定核酸的常用方法有紫外分光光度法(检测碱基)、戊糖比色法和定磷法 3 种。

本实验以钼蓝定磷法测定 RNA, 在酸性溶液中正磷酸与钼酸作用生成磷钼酸。后者当有还原剂(如抗坏血酸、氯化亚锡等)存在时, 立即转变成蓝色的还原物, 其最大光吸收在波长 660 nm 处。当使用抗坏血酸作还原剂时, 比色的最适范围为 1.0~10.0 μg 无机磷。钼蓝反应极为灵敏, 微量杂质的磷、硅酸盐、铁离子以及酸度偏高或偏低都会影响测定结果。因此, 实验用的器皿需要特别清洁, 所用试剂用双蒸水配制。

测定核酸中的总磷含量, 先要将其用浓硫酸消化分解, 使有机磷全部转变成无机磷再进行磷含量测定。由于 RNA 的含磷量约为 9.2%，所以将测得的磷含量乘以 100/9.2 即为 RNA 量。

二、实验材料

1. 材料
RNA 样品。

2. 化学药品或试剂

(1)2.5%钼酸铵溶液：称取 7.5 g 钼酸铵(含四分子结晶水)，加热溶解在 300 mL 双蒸水中。

(2)10%抗坏血酸溶液：称取 15.0 g 抗坏血酸，加 150 mL 双蒸水，搅拌溶解。也可在 40℃以下的水浴中加热溶解，置于棕色瓶中，放冰箱保存。当抗坏血酸溶液变成黄色时则不能使用。

(3)定磷试剂：按双蒸水∶3 mol/L 硫酸∶2.5%钼酸铵∶10%抗坏血酸=2∶1∶1∶1 ($V∶V∶V∶V$)配制，摇匀。混合液应为淡黄色，混合后不能久置，最好现用现配；如呈黄棕色则不能使用。

(4)标准无机磷储备液：将分析纯的磷酸二氢钾先在 110℃烘箱中烘至恒重，然后放在干燥器中。待温度平衡后，称取 1.096 7 g(或称取 1.0 g 左右加以换算)于 100 mL 烧杯中。用少量双蒸水溶解，然后转入 250 mL 容量瓶中定容，即配成含磷量为 8.0 g/L 储备液，于冰箱内保存。

(5)苔黑酚-氯化铁试剂：称取 0.1 g 氯化铁(含六分子结晶水)，溶于 100 mL 浓盐酸中。使用前以此溶液为溶剂，配成 0.1%苔黑酚溶液。

(6)其他：1.5 mol/L 硫酸溶液、5 mol/L 硫酸溶液。

三、实验器材

电子天平，烧杯，容量瓶(10 mL、100 mL、250 mL)，移液管(1 mL、5 mL)，水浴锅，具塞试管(25 mL)，分光光度计。

四、操作步骤

1. 样品处理

(1)RNA 样品的水解：向待测的 RNA 样品加入 2 mL 5 mol/L 硫酸溶液，待溶解后，于 100℃水浴锅中水解 45 min。然后用双蒸水稀释至 10 mL 容量瓶中，备用。

(2)RNA 定性鉴定：取上述稀释液 0.5 mL，加 1 mL 苔黑酚-氯化铁试剂，摇匀。加热至沸腾 1~2 min 后出现绿色，证明提取液为 RNA 溶液(实质是检测戊糖的存在)。

2. 无机磷标准曲线的制作

(1)吸取 1.0 mL 标准无机磷储备液，于 100 mL 容量瓶中用双蒸水定容，即配成含磷量为 10.0 mg/L 的标准磷溶液。

(2)取 6 支具塞试管，编号，分别按表 1-26-1 顺序加入各试剂。

表 1-26-1　无机磷标准曲线反应试剂组成

试剂	试管编号					
	1	2	3	4	5	6
标准磷溶液/mL	0	0.2	0.4	0.6	0.8	1
双蒸水/mL	3	2.8	2.6	2.4	2.2	2
定磷试剂/mL	3	3	3	3	3	3
无机磷含量/μg	0	2	4	6	8	10
A_{660}						

(3)将各试管中的混合液摇匀后，于水浴锅中 45℃ 下准确保温 25 min，反应完毕后取出冷却，测定吸光度 A_{660}。以磷含量为横坐标，吸光度 A_{660} 为纵坐标，绘制无机磷标准曲线。

3. 样品测定

从 10 mL 容量瓶中准确吸取稀释液 3 mL 加至 100 mL 容量瓶中，用双蒸水定容，摇匀，即为待测样液。取 4 支具塞试管，3 支试管中分别加入 3.0 mL 待测样品溶液，另 1 支试管加入 3.0 mL 双蒸水作空白对照。然后各加 3.0 mL 定磷试剂，摇匀。于水浴锅中 45℃ 下保温 25 min，取出，冷却后测定并记录 A_{660}。

根据以下公式计算 RNA 的含量：

$$\text{RNA 含量}(\text{mg/g}) = \frac{\text{从标准曲线上查得的含磷量}(\mu g)}{\text{样品干质量}(\text{mg})} \times \text{稀释倍数} \times \frac{1\,000}{9.2}$$

五、实验结果及分析讨论

(1)计算样品中的 RNA 含量。

(2)该方法用于核酸检测时能否区分 RNA 和 DNA？

(3)酸水解核酸的过程中，各类磷酸二酯键的断裂有无差异？

(4)如果 RNA 样品中有无机磷的存在，会不会影响检测结果？如果有影响，应如何处理？

六、注意事项

RNA 粗制品的水解要彻底，定容后需充分溶解。

实验 27　【核酸】植物组织中 DNA 的提取和纯度鉴定

一、实验原理

在真核生物中，DNA 主要存在于细胞核中，DNA 与相关蛋白质(主要是组蛋白)结合在一起，以脱氧核糖核蛋白(deoxy-ribonucleoprotein，DNP)的形式存在。从细胞中提取 DNA 时，一般先获得 DNP，再将蛋白质除去。阴离子去垢剂 SDS 可使蛋白质发生变性而使其与 DNA 分离，再用含少量异戊醇的三氯甲烷去除蛋白质，最后用乙醇可将 DNA 从抽提液中沉淀出来。

DNP 与核糖核蛋白(ribonucleoprotein，RNP)在不同浓度的电解质溶液中溶解度存在差异，利用这一特性可将二者进行一定程度分离。以氯化钠溶液为例：RNP 在 0.14 mol/L 氯化钠溶液中溶解度很大，而 DNP 在其中的溶解度仅为其在纯水中的 1%，当氯化钠浓度逐渐增大时，RNP 的溶解度变化不大，而 DNP 的溶解度则随之不断增加，当氯化钠浓度为 1 mol/L 时，DNP 的溶解度最大，为纯水中溶解度的 2 倍。因此，通常可用 1 mol/L 氯化钠溶液提取 DNA。如需进一步制备高纯度的 DNA，可用适量的核糖核酸酶(RNase)处理提取液，以降解 DNA 中掺杂的 RNA 杂质。

实验 27 视频

为了防止提取过程中 DNA 被细胞中释放出的脱氧核糖核酸酶(DNase)降解以及 DNA 发生变性，整个提取过程应在较低温度下进行，同时可在研磨缓冲液中加柠檬酸钠和乙二胺四乙酸二钠盐，以抑制 DNase 的活性。

为判断提取的 DNA 是否为纯净、双链和高分子的化合物，一般可以通过紫外吸收法测定、化学测定和熔解温度 T_m 值测定等方法鉴定，本实验仅采取紫外吸收法进行鉴定。

二、实验材料

1. 材料
菠菜(也可以用玉米苗或胡豆苗等植物组织)。

2. 化学药品或试剂
(1)研磨缓冲液：1 mol/L 氯化钠溶液、0.045 mol/L 柠檬酸钠盐、0.1 mol/L 乙二胺四乙酸二钠盐(EDTA-Na$_2$)、1%十二烷基硫酸钠(SDS)，并调 pH 至 7.0。

(2)三氯甲烷-异戊醇溶液：三氯甲烷：异戊醇=24:1($V:V$)。

(3)TE 溶液：含 10 mmol/L Tris-HCl、1 mmol/L EDTA-Na$_2$，pH 8.0。

(4)95%乙醇溶液。

三、实验器材

电子天平，研钵，剪刀，具塞锥形瓶(100 mL)，离心机，离心管，胶头滴管，刻度试管(20 mL)，移液管(10 mL)，烧杯，玻璃棒，紫外分光光度计，石英比色皿。

四、操作步骤

1. 样品匀浆液的制备
从冰箱中取出菠菜，称取 3.0 g 菠菜，剪碎后放入研钵内，加入 6 mL 研磨缓冲液，迅速在 5 min 内研磨成匀浆。

2. 脱蛋白
将匀浆倒入具塞锥形瓶内，加入 9 mL 三氯甲烷-异戊醇混合液，充分振荡 1 min，以脱除组织蛋白质。

3. 离心除杂
振荡后的混合液于 4 000 r/min 离心 5 min，小心吸出离心管中上层清液，转移至量筒

中量取体积。

4. 重复脱蛋白

将收集的上层清液转入具塞锥形瓶中，加入等体积的三氯甲烷-异戊醇混合液，振荡 1 min 呈乳状液，以再次脱除组织蛋白质。

5. 离心除杂

振荡后的乳状液于 4 000 r/min 离心 5 min，用胶头滴管吸出上层含核酸的溶液，用量筒量取体积后，转移至烧杯内。

6. DNA 的沉淀

用移液管沿烧杯壁缓缓加入 3 倍体积预冷的 95% 乙醇溶液，然后用玻璃棒沿一个方向轻轻搅动(避免因速度过快将 DNA 纤维搅断)，将析出的纤维沉淀缠绕在玻璃棒上。

7. DNA 的溶解

将缠出的 DNA 迅速溶解于 4 mL pH 8.0 TE 溶液中，即得到纯化的 DNA 溶液。

8. 紫外吸收法检测 DNA

测量 DNA 溶液的 A_{260} 和 A_{280}，计算其比值。如果 $A_{260}/A_{280}=1.8$，即表明样品中的蛋白质含量不超过 0.3%，DNA 纯度合乎质量标准。如果 DNA 浓度过高，可以取少量样品，用 TE 溶液稀释后再测定。

$$DNA\ 浓度(\mu g/mL) = \frac{A_{260}}{0.020 \times L} \times 稀释释倍$$

式中　L——为比色杯厚度，一般为 1 cm；

　　　0.020——每毫升溶液中含 1.0 μg DNA 钠盐时的吸光度；

　　　A_{260}——波长 260 nm 处的吸光度。

五、实验结果及分析讨论

(1)计算并填写数据。

A_{260}	A_{280}	A_{260}/A_{280}	DNA 浓度/(μg/mL)

(2)如果 A_{260}/A_{280} 严重偏离了 1.8，说明什么问题？可能的原因有哪些？

(3)请分别解释 DNA 提取过程中使用的各种试剂的作用：三氯甲烷-异戊醇、1 mol/L 氯化钠溶液、柠檬酸三钠盐、EDTA-Na₂、SDS、TE 溶液、95% 乙醇溶液。

(4)为了保障提取 DNA 的完整性，从药品、温度和操作环节等角度考虑应如何处理？

(5)幼嫩组织和成熟组织哪个更适合于 DNA 的提取？其原因是什么？

六、注意事项

(1)在提取过程中，DNA 容易遭受机械剪切力而发生断裂，因此在整个过程中要注意动作的力度，尽量减小对 DNA 的剪切作用。

(2)为获得高纯度的 DNA 样品，可以在步骤 4 后将缠绕出的 DNA 溶解于 TE 溶液中，再加入 RNase，使 RNase 终浓度为 50.0 μg/mL，在 37℃ 下保温 30 min，加入等体积三氯甲烷–异戊醇，充分振荡，以去除杂质，然后离心分离，收集上层 DNA 溶液，然后进行后续操作。

（3）离心后产生的含三氯甲烷的废弃物应转移至专用废液桶中，离心管清洗产生的含三氯甲烷的废水也一并转移至废液桶中。

实验 28　【核酸】目的基因的 PCR 扩增

一、实验原理

聚合酶链式反应（polymerase chain reaction，PCR）技术，是美国 Cetus 公司人类遗传研究室的科学家 K. B. Mullis 于 1983 年发明的一种在体外快速扩增特定基因或 DNA 序列的方法。它的特异性是由两个人工合成的引物序列决定的。PCR 的原理类似于 DNA 的天然复制过程，在模板、引物、dNTP 及聚合酶的存在下，经变性、退火和延伸等过程，即可由 DNA 聚合酶合成产物 DNA。经过若干个该循环后，DNA 即可扩增 2^n 倍（n＝循环次数）。

具体一轮次循环过程如下：

①变性：高温（94℃）加热使模板 DNA 变性，双链间的氢键断裂而形成两条单链；②退火：使溶液温度逐渐降至 50~60℃，模板 DNA 即可与引物按碱基配对原则互补结合；③延伸：将溶液反应温度升高至 72℃，耐热 DNA 聚合酶以单链 DNA 为模板，在引物的引导下，利用反应混合物中的 4 种脱氧核苷酸（dNTP），按 5′→3′方向复制出互补 DNA。

上述三步为一个循环，每经过一个循环，反应体系中的目的 DNA 即可增加 1 倍，新形成的链又可成为下一轮循环的模板，经过 25~30 个循环后，DNA 可扩增 $1×10^6$~$1×10^9$ 倍。

本实验以大肠杆菌 DH5α 基因组 DNA 为材料，利用一对简并引物 27F 和 1 492R 扩增其 16S rDNA 基因序列。16S rDNA 是编码原核生物核糖体小亚基 rRNA（16S rRNA）的基因。长度约为 1 400 bp，是细菌分类学研究中最常用和最有用的"分子钟"。原核生物 16S rDNA 至少有 9 个高度保守的区域，较之 23S rDNA 等持家基因而言，它具有分子大小适中、突变率小等优点，素有"细菌化石"之称。在细菌鉴定中，研究人员常利用 PCR 的方法扩增目标菌株的 16S rDNA 序列，用于构建进化树并确定菌株的种属分类。

本实验提取的 DNA 使用琼脂糖凝胶电泳进行分离鉴定，凝胶浓度的选择参考表 1-28-1。电泳结果使用低毒型荧光染料 Goldview 进行检测，在紫外光激发下结合物产生绿色或黄绿色荧光，在凝胶上可检出低至 10.0 ng 的 DNA 样品。电泳使用的 DNA 分子质量标准（DNA Marker）为 D2000 相对分子质量标准（表 1-28-1）。

表 1-28-1　D2000 相对分子质量标准

DNA 片段组成	1	2	3	4	5	6
相对分子质量/bp	2 000	1 000	750	500	250	100

核酸电泳结果的检测方法有荧光显色法、银染色法、同位素放射性自显影等。其中，基于溴化乙啶（强诱变剂）、Goldview 等荧光染料的染色法较为简单且灵敏度高。荧光染料

通常直接加入熔化的琼脂糖凝胶中使用，也可以待电泳结束后通过凝胶浸泡法对 DNA 染色。这类扁平状荧光剂分子可以插入核酸双螺旋结构碱基之间，形成一种较稳定的荧光结合物，经紫外光照射发射一定颜色的荧光，荧光强度可增强几十倍（如溴化乙啶与 DNA 结合荧光增强 25 倍），此外荧光强度正比于 DNA 含量，如果将已知浓度的标准 DNA 样品作为对照，就可大致推测出待测 DNA 样品的浓度。本实验采用 Goldview 为 DNA 染色剂，其主要成分为吖啶橙，低毒，与 DNA 结合后在紫外光激发下产生绿色或黄绿色荧光，具有较高的检测灵敏度，在凝胶上可检出低至 10.0 ng 的 DNA 样品。

为了直观得到待测 DNA 样品的相对分子质量、含量等信息，凝胶电泳时通常要使用 DNA 分子质量标准（DNA Marker）一同电泳。电泳结束后，通过比较样品与标准品的条带位置和亮度，即可估算出待测 DNA 样品的相对分子质量范围和浓度。市场上有多种不同分子大小范围和组合的 DNA Marker 出售。本实验选用 Marker D2000。

凝胶电泳时，通常需在样品中混合溴酚蓝、二甲苯青等染料作为指示剂，以判断电泳进行的程度，其碱性水溶液分别呈蓝紫色和蓝色。溴酚蓝和二甲苯青的相对分子质量均较小（分别为 669.96 和 554.6），电泳迁移率位于小分子核酸或蛋白质范围，但前者的电荷量比后者多，因而迁移率更大。例如，在 1% 琼脂糖凝胶以 TBE 作缓冲溶液进行电泳时，溴酚蓝和二甲苯青的迁移率分别与 0.3 kb 和 3 kb 的双链线性 DNA 大致相似。

二、实验材料

1. 材料

DNA 模板（0.1 μg 大肠杆菌 DH5α 基因组 DNA，使用时用 TE 溶液稀释 10 倍并置于冰浴中）。

2. 化学药品或试剂

（1）4 种脱氧核苷酸（dNTP）：4×dNTP，即 1 mmol/L dATP、1 mmol/L dTTP、1 mmol/L dGTP 和 1 mmol/L dCTP 的混合物。

（2）引物（50 nmol/L）：上游引物序列（27F）为 5′-AGAGTTTGATCCTGGCTCAG-3′，下游引物序列（1 492R）为 5′-TACGG（C/T）TACCTTGTTACGACTT-3′。

（3）Taq DNA 聚合酶（2.5 U/μL）。

（4）DNA 相对分子质量标准：D2000，相对分子质量依次为 100 bp、250 bp、500 bp、750 bp、1 000 bp 和 2 000 bp。

（5）10×PCR buffer：500 mmol/L 氯化钾，100 mmol/L Tris-HCl（pH 9.0）、15 mmol/L 氯化镁、0.1% 明胶和 1% Triton X-100。

（6）6×载样缓冲液：10 mmol/L Tris-HCl（pH 7.6）、0.03% 溴酚蓝、60% 甘油、60 mmol/L EDTA-Na$_2$。

（7）0.5×TAE 电极缓冲液：40 mmol/L Tris-乙酸、2 mmol/L EDTA-Na$_2$，pH 8.3。

（8）其他：琼脂糖、Goldview。

三、实验器材

PCR 仪，琼脂糖凝胶电泳系统，紫外透射仪或凝胶成像仪，移液器（2.5 μL、10 μL、

50 μL)，Ep 管(0.2 mL)，锥形瓶(250 mL)，微波炉，PE 手套。

四、操作步骤

1. PCR 反应体系组成

取 0.2 mL Ep 管一个，使用移液器按以下顺序分别加入各种试剂：

双蒸水	36 μL
10×PCR 缓冲液	5 μL
4×dNTP	4 μL
上游引物	1.5 μL
下游引物	1.5 μL
细菌基因组 DNA	1.0 μL
Taq DNA 聚合酶	1.0 μL
总体积	50 μL

2. PCR 反应

将加有上述反应物的 Ep 管放入 PCR 仪中，按以下参数进行反应：94℃预变性 4 min；然后进入循环，94℃变性 50 s，55℃退火 45 s，72℃延伸 90 s，共执行 30 个循环；最后，72℃保温延伸 10 min。反应完毕后，及时使用或冻存备用。

3. 琼脂糖凝胶电泳分析 PCR 结果

本试验 PCR 扩增产物 DNA 片段长度约为 1 400 bp，适合于 1.0%琼脂糖凝胶中进行电泳检测。

(1)凝胶配制：根据样品 DNA 相对分子质量，选用 1%的琼脂糖胶。称取 1.0 g 琼脂糖放入锥形瓶，加入 100 mL TAE 缓冲液和 5 μL Goldview。将锥形瓶置于微波炉中加热 2~3 min 使琼脂糖充分熔解，室温放至待琼脂糖冷却至 50~60℃进行制胶。将胶托正确放入制胶槽中，在胶托上垂直插入制备点样孔的梳子。将熔化好的凝胶倒入制胶模具中，避免产生气泡，控制凝胶厚度 3~4 mm，自然冷却至室温。待凝胶完全凝固后，小心拔掉梳子。

(2)电泳槽组装：正确安装水平电泳槽，加入 0.5×TAE 电泳缓冲液。将凝胶连同胶托一并放入电泳槽中，点样孔一侧位于电源负极一侧，确保电泳缓冲液淹没整个凝胶表面。

(3)点样：在一次性 PE 手套表面用移液器均匀混合 1 μL 6×载样缓冲液和 5 μL DNA 样品，并将其加入点样孔中。同时需要加入 1~2 孔 DNA Marker 作为参照，一般多加在凝胶中样品孔的两侧。

(4)电泳分离：盖好电泳槽盖子，连通电源，维持电压 90~110 V，电泳 30~50 min。当溴酚蓝迁移至距凝胶前沿约 1 cm 时停止电泳。

(5)结果检测：将凝胶连同胶托一起取出，随后单独将凝胶置于紫外投射仪或凝胶成像系统下观察 DNA 条带，拍照并做定性分析。

五、实验结果及分析讨论

(1)绘制电泳图谱，标注正负极、Marker 各条带的相对分子质量大小。

(2) PCR 引物的设计有何要求？

(3) PCR 扩增体系中各成分的对应功能是什么？

(4) PCR 反应程序中的扩增循环数是越多越好吗？为什么？

(5) PCR 扩增 DNA 与天然 DNA 复制过程的异同点是什么？

六、注意事项

注意人体防护。DNA 显色试剂一般是可嵌入 DNA 双螺旋中的荧光物质，在紫外光的激发下产生荧光。溴化乙啶(EB)是常用的 DNA 染色剂，由于其有较大毒性，本实验采用毒性较小的替代品——Goldview。在进行电泳检测时请使用一次性 PE 手套并及时更换。

实验 29 【核酸】肝脏 DNA 的提取及纯度鉴定

一、实验原理

核酸是一类含磷酸基团的重要生物大分子，所有生物体内均含有核酸(除少数亚病毒类之外)。按其化学组成分为两大类：脱氧核糖核酸(DNA)和核糖核酸(RNA)。在真核生物中，DNA 主要存在于细胞核中，核外细胞器如线粒体、叶绿体中也有少量存在。

实验 29 视频

在细胞内，核酸通常是与某些组织蛋白质结合成复合物——核糖核蛋白(RNP)和脱氧核糖核蛋白(DNP)。因此，在制备核酸时，需先将组织(或细胞)破碎，使之释放出 RNP 和 DNP，再设法将核酸与这两大类核蛋白分开，然后通过蛋白质变性剂(如苯酚、三氯甲烷等)、去垢剂(如 SDS)或用蛋白酶处理，除去蛋白质，使核酸与蛋白质分离，从而将核酸提取出来。

RNP 和 DNP 在不同浓度的电解质溶液中的溶解度有很大的差别。如在高浓度氯化钠(1 mol/L)溶液中，DNP 的溶解度很大，在低浓度氯化钠(0.14 mol/L)溶液中，DNP 的溶解度很小。而两种溶液中 RNP 的溶解度变化不大。因此，可利用不同浓度的氯化钠溶液，将两种核蛋白从样品中分别抽提出来。

将抽提得到的核蛋白用 SDS 或苯酚处理使核蛋白解聚，DNA(或 RNA)即与蛋白质分开，用三氯甲烷–异戊醇将蛋白质沉淀除去，而 DNA 则溶解于溶液中。

经上述分离、纯化处理后的核酸盐溶液，再利用其不溶于有机溶剂的性质，而使其在适当浓度的亲水有机溶剂(如乙醇)中呈絮状沉淀析出。重复进行上述处理，即可制成所要求纯度的脱氧核糖核酸制品。提纯的 DNA(或 DNA 钠盐)为白色纤维状固体。

为了防止 DNA 被 DNase 降解，提取时加入 EDTA。因为 EDTA 是抑制 DNase 活性最好的抑制剂之一，由于 DNase 的酶解作用必须有 Ca^{2+} 及 Mg^{2+} 的存在，故只要在提取液中少量加入金属离子螯合剂 EDTA，就可以有效抑制 DNase 活性。

本实验采用新鲜动物肝脏为 DNA 提取材料，通过组织匀浆，使细胞破碎，利用 RNP 和 DNP 在一定浓度的氯化钠溶液中溶解度不同的特点，提取 DNP。用 SDS 使蛋白质变性和核蛋白解聚，释放出 DNA。用三氯甲烷使蛋白质变性沉淀，进而通过离心去除。用乙醇作沉淀剂，得到较纯的 DNA。用核糖核酸酶 A（RNase A）可去除 RNA，再用三氯甲烷使酶蛋白变性沉淀、离心去除，最后用乙醇作沉淀剂，得到纯化的 DNA。提取的 DNA 样品可采用分光光度法检测含量和纯度。DNA 纯度鉴定可测定 A_{260}、A_{280} 和 A_{230} 的值，经验数据表明，高纯度 DNA 样品 A_{260}/A_{280} 的值在 1.8 左右，当比值高时表明样品中混杂有 RNA，当比值低时表明样品中蛋白未脱净，而 A_{260}/A_{230} 应大于或等于 2.0，若此值过小，则表明有杂质（一般为多酚类或色素）。因此，可利用 A_{260}/A_{280} 和 A_{260}/A_{230} 比值的大小来鉴定 DNA 样品的纯度。用琼脂糖凝胶电泳法可检测提取 DNA 样品的均一性、相对分子质量的大小及是否有 RNA 存在。

二、实验材料

1. 材料

新鲜动物肝脏。

2. 化学药品或试剂

（1）氯化钠-柠檬酸溶液 I（0.1 mol/L 氯化钠-0.05 mol/L 柠檬酸三钠）：5.844 g 氯化钠及 14.705 g 二水柠檬酸三钠溶于双蒸水中，稀释至 1 000 mL。

（2）氯化钠-柠檬酸溶液 II（0.015 mol/L 氯化钠-0.0015 mol/L 柠檬酸三钠）：0.877 g 氯化钠及 0.44 g 柠檬酸三钠溶于双蒸水，稀释至 1 000 mL。

（3）5% SDS 溶液：5.0 g SDS 溶于 100 mL 双蒸水中。

（4）三氯甲烷-异戊醇溶液：三氯甲烷：异戊醇=24：1（V：V）。

（5）TE 溶液（10 mmol/L Tris−HCl、1 mmol/L EDTA−Na$_2$，pH = 8.0）：称取 0.12 g Tris，加适量双蒸水溶解，用 1 mol/L 盐酸溶液调至 pH 8.0 并定容至 100 mL，加入 0.037 g EDTA−Na$_2$ 溶解。

（6）其他：氯化钠、70%乙醇、95%乙醇。

三、实验器材

电子天平，剪刀，研钵，量筒，烧杯，离心机，离心管，磁力搅拌器，移液管（1 mL、2 mL、5 mL），胶头滴管，具塞锥形瓶，真空干燥器，紫外分光光度计，石英比色皿。

四、操作步骤

1. 肝脏匀浆液的制备

称取 6.0 g 猪肝脏样品，用氯化钠-柠檬酸溶液 I 洗去表面残余的血液，置于研钵中剪碎。加入 12 mL 氯化钠-柠檬酸溶液 I，充分研磨 15~20 min。将匀浆液转移至离心管中，4 000 r/min 离心 10 min。弃上清液，向沉淀中加入 25 mL 氯化钠-柠檬酸溶液 I，振荡混匀。4 000 r/min 离心 10 min，弃上清液，留沉淀。

2. DNA 粗提液制备

向沉淀中加入 20mL 氯化钠-柠檬酸溶液 I、10 mL 三氯甲烷-异戊醇溶液、2 mL 5% SDS 溶液，混合均匀，然后用磁力搅拌器搅拌 30 min。向烧杯中缓慢加入氯化钠固体约 1.8 g，使其终浓度为 1 mol/L，搅拌溶解。4 000 r/min 离心 10 min，用胶头滴管将含有

DNA 的上清液转移至量筒中，记录体积。

3. DNA 分离

将 DNA 溶液转入烧杯中，加入两倍体积预冷的 95% 乙醇溶液，用玻璃棒沿一个方向缓慢搅动，将 DNA 纤维缠绕在玻璃棒上。及时用 10 mL 氯化钠-柠檬酸溶液 Ⅱ 将 DNA 纤维溶解。

4. DNA 纯化

将 DNA 溶液转入 50 mL 离心管内，加入等体积的三氯甲烷-异戊醇溶液，振荡 1 min，4 000 r/min 离心 5 min。用胶头滴管吸出上层 DNA 溶液，量取体积并转移至烧杯内。向烧杯中加入两倍体积预冷的 95% 乙醇溶液，用玻璃棒沿一个方向缓慢搅动，将 DNA 纤维缠绕在玻璃棒上。用 4 mL TE 溶液将 DNA 纤维溶解。

5. DNA 测定

采用紫外吸收法测定 DNA 含量。可根据 DNA 的提取量用 TE 溶液稀释一定倍数，测量 A_{260} 和 A_{280}。计算 DNA 含量及其比值。如 $A_{260}/A_{280} = 1.8$，表明蛋白质含量不超过 0.3%，DNA 纯度合乎质量标准。

$$DNA 浓度(\mu g/mL) = \frac{A_{260}}{0.020 \times L} \times 稀释倍数$$

式中　L——为比色皿厚度，一般为 1 cm；

0.020——每毫升溶液中含 1.0 μg DNA 钠盐时的吸光度；

A_{260}——波长 260 nm 处的吸光度。

五、实验结果及分析讨论

(1)计算并填写数据。

A_{230}	A_{260}	A_{280}	A_{260}/A_{280}	A_{260}/A_{230}	DNA 浓度/(μg/mL)

(2)A_{230}、A_{260}、A_{280} 分别针对什么进行检测？为什么在检测 DNA 含量时要检测上述 3 种吸光度？

(3)请分别解释 DNA 提取过程中使用的各种试剂的作用：三氯甲烷-异戊醇、1 mol/L NaCl 溶液、柠檬酸钠盐，EDTA-Na$_2$、SDS、TE 溶液、95% 乙醇溶液。

(4)为了保障提取 DNA 的完整性，从药品、温度和操作环节等角度考虑应如何处理？

六、注意事项

(1)提取过程中，DNA 容易遭受机械剪切力发生断裂，因此在整个过程中要注意动作的力度，尽量减小对 DNA 的剪切作用。

(2)肝脏组织较难以破碎，因此需要注意肝脏组织部位的选择。

(3)为获得高纯度的 DNA 样品，可以在步骤 2 开始时加入 RNase，使 RNase 终浓度为 50 μg/mL，在 37℃ 下保温 30 min，然后进行后续操作。

实验 30　【核酸】大肠杆菌质粒 DNA 的提取、纯化及电泳鉴定

一、实验原理

质粒(plasmid) 为共价闭合环状 DNA (covalently closed circular DNA, cccDNA), 双链, 大小为 1 ~ 200 kb, 是染色体外遗传因子, 存在于细菌、酵母菌和放线菌等细胞中。质粒 DNA 具有自主复制和转录能力, 因此成为基因工程中常用的载体分子之一(其他载体还包括噬菌体、噬菌粒和黏粒等)。通过重组 DNA 技术, 将外源基因连接到质粒中, 得到重组 DNA, 继而将该重组载体转化受体细胞, 使目的基因在受体菌中得以增殖或表达, 从而改变宿主细胞原有的遗传性状或产生新的物质。现代基因工程所用的质粒载体大多经过了人工改造。与天然质粒相比, 质粒载体一方面去掉了大部分的非必需序列以减少相对分子质量, 另一方面构建了一个或多个选择性标记基因(如抗生素抗性基因)和多克隆位点(若干限制性内切酶识别位点), 便于操作和筛选。实验室常用的高拷贝质粒载体有 pUC 系列、pET 系列和 pMD 系列等。在不同质粒来源的细胞中, 大肠杆菌(*Escherichia coli*)因具有遗传背景清楚、培养简单和技术操作成熟等优点, 是应用最广泛、最成功的基因工程宿主菌。

实验 30　视频

从大肠杆菌提纯质粒 DNA 包含 3 个基本步骤: ①培养和收集含质粒的大肠杆菌; ②裂解大肠杆菌, 去除蛋白质、染色体 DNA 和 RNA 等生物大分子, 获得质粒 DNA 粗提液; ③纯化质粒 DNA 粗提液, 去除盐离子和小分子杂质, 获得纯净的质粒 DNA。

碱裂解法制备质粒 DNA 粗提液具有 DNA 得率高、适于多数菌株等优点。其基本原理为: 在菌体中加入阴离子表面活性剂十二烷基硫酸钠(SDS)裂解菌体, 同时它又能使大部分蛋白质变性, 细胞裂解后释放出 3 种核酸, 即染色体 DNA、质粒 DNA 和 RNA, 后者可通过加入一定量的 RNase A 降解除掉, 染色体 DNA 和质粒 DNA 均会在强碱(NaOH)环境下变性, 溶解度降低, 双链分离, 但 DNA 两条链因拓扑纠缠不会彻底分开, 当迅速加入 pH 4.8 ~ 5.5 的乙酸钾缓冲液后, 质粒 DNA 因相对分子质量小迅速复性, 形成双链结构, 恢复胶体学稳定性从而溶解于缓冲液中。但染色体 DNA 因相对分子质量大难以复性, 从而与变性的蛋白质、细胞碎片等形成不溶性白色团聚物。此外, 溶液中的 K^+ 与 SDS 结合形成 SDS-K^+, 有促进该团聚物析出的作用, 离心去除该团聚物后, 便获得含有质粒 DNA 的上清液, 但该粗提液仍残存少量的蛋白质以及大量的小分子和盐离子等杂质, 需进一步纯化后方可用于 DNA 的下游酶切、转化、测序和 PCR 等分子生物学操作。

色谱柱纯化法常用于质粒 DNA 粗提液的纯化, 具有纯化效果好、可靠性高等优点, 特别是纯化系统具有成本低和高度产业化的优势, 使其成为实验室最常用的质粒 DNA 纯化解决方案。色谱柱的核心成分为 SiO_2 吸附膜, 其典型特征为: 在高盐和低 pH 环境下, SiO_2 表面对 DNA 具有很强的吸附能力, 而在低盐和较高 pH 环境下, DNA 从 SiO_2 表面解吸附。SiO_2 吸附 DNA 的机理至今仍有争论, 氢键、疏水相互作用、范德华力等非共价键被认为是吸附的主要作用力。SiO_2 表面因硅醇基解离带负电荷(其等电点通常在 1.5 ~

3.6），在 pH 2~14，DNA 也因磷酸基团解离带有负电荷，因此，二者间的吸附在热力学上是不利的。但随着 pH 降低，SiO_2 和 DNA 基团解离度均下降，静电排斥力减小，从而有利于吸附，同时，高盐环境促进 SiO_2 和 DNA 表面脱水，降低其胶体学性质产生的排斥力，成为促进吸附的重要驱动力。此外，温度、盐离子类型、DNA 分子大小等因素均会影响吸附。在典型的吸附条件下（如氯化钠浓度高于 1 mol/L 且 pH 低于 5.5），由于成键数目巨大，DNA 牢固结合在 SiO_2 表面，而在典型的洗脱条件下（如氯化钠浓度低于 0.05 mol/L 且 pH 高于 7），由于斥力剧增，成键遭到破坏，DNA 迅速从 SiO_2 表面解吸附。SiO_2 随环境改变而展现出可逆吸附能力，使其广泛用作核酸分离纯化的介质。

核酸为两性电解质，在 pH 约为 2 以上均因磷酸基解离带负电荷，电泳时向正极移动，且带电量正比于其序列长度。其移动速度与核酸电荷多少、片段大小、分子构型等内在性因素有关，也与电场强度、电泳载体网孔大小、pH、离子强度、温度等外在性因素有关。通过控制电泳和电泳载体参数，可实现不同 DNA 分子的分离：①由于天然线性 DNA 的序列长短及碱基构成对其荷质比影响不大，故 DNA 的电泳行为与 SDS 变性蛋白一致，而与天然蛋白差异较大，电泳迁移率主要取决于载体对其施加的摩擦力，分子越大则所受阻力越大，迁移率越小。研究表明，DNA 在琼脂糖凝胶中的迁移速率与 DNA 相对分子质量对数值成反比。②凝胶电泳也可以鉴别相对分子质量相同但构型不同的 DNA 分子。在细胞内，质粒 DNA 通常以超螺旋 DNA（supercoil DNA，scDNA）形式存在，但在提取过程中，由于多种因素的影响，使 scDNA 的一条链断裂，产生缺刻（nick），变成开环状 DNA（open circular DNA，ocDNA）分子，如果二条链均发生断裂，则转变为线状 DNA（linear DNA，linDNA）分子。这 3 种构型的 DNA 分子有不同的迁移率。在一般情况下，scDNA 迁移率最大，其次为 linDNA，最后为 ocDNA。质粒 DNA 的这些构型变化可以帮助科研人员判断基因工程中酶切或连接反应进行的程度。

二、实验材料

1. 材料

大肠杆菌 DH5α[含 pET-30(b)+质粒]。

2. 化学药品或试剂

（1）LB 液体培养基：在 950 mL 双蒸水中加入 10.0 g 胰化蛋白胨、5.0 g 酵母提取物、10.0 g 氯化钠，用 1 mol/L 氢氧化钠溶液调 pH 至 7.0，定容至 1 L，高温高压灭菌后，加 Amp（氨苄西林）至 100.0 μg/mL，4℃ 冰箱中贮存。

（2）溶液Ⅰ：50 mmol/L 葡萄糖、10 mmol/L $EDTA-Na_2$、25 mmol/L Tris-HCl，pH 8.0，使用前加 RNase A 至 50 mg/mL。

（3）溶液Ⅱ：0.2 mol/L 氢氧化钠溶液、1% SDS，用时现配。

（4）溶液Ⅲ：pH 4.8 乙酸钾溶液（60 mL 5 mol/L 乙酸钾、11.5 mL 冰乙酸、28.5 mL 双蒸水）。

（5）TE 溶液：10 mmol/L Tris-HCl、1 mmol/L $EDTA-Na_2$，pH 8.0。

（6）6× 载样缓冲液：10 mmol/L Tris-HCl（pH 7.6）、0.03% 溴酚蓝、60% 甘油、

60 mmol/L EDTA-Na$_2$。

（7）0.5×TAE 电泳缓冲液：40 mmol/L Tris-乙酸、2 mmol/L EDTA-Na$_2$，pH 8.3。

（8）DNA 相对分子质量标准：λ DNA/*Hind*Ⅲ（注意：23 130 bp 和 4 361 bp 两条带由于具有黏性末端会连接成一条 27 491 bp 的条带，建议每次使用前在 65℃加热 5 min，冰浴冷却后使用）。

（9）100.0 mg/mL Amp：无菌水配制，可存于−20℃数周。

（10）其他：琼脂糖、Goldview、漂洗液（70%乙醇）。

三、试验器材

离心机，离心管（1.5 mL），培养箱，恒温摇床，移液器（10 μL、200 μL、1 000 μL），DNA 纯化色谱柱（常简称为 DNA 纯化柱或吸附柱），无盖收集管，制冰机，冰箱，恒温水浴锅，电子天平，电泳仪，水平电泳槽，微波炉，制胶装置，紫外透射仪或凝胶成像系统，PE 手套。

四、操作步骤

1. 菌株培养

挑取一环大肠杆菌 DH5α 菌落接种在 10 mL 含 Amp 的 LB 液体培养基中，37℃振荡培养 16~18 h。

2. 菌体分离

取 1.5 mL 过夜培养的菌液，加入离心管中，12 000 r/min（约 13 400×*g*）离心 1 min，尽量吸除全部上清液（注意：如果菌液较稀或过多，可以通过多次离心将菌体沉淀收集到一个离心管中）。

3. 菌体悬浮

向留有菌体沉淀的离心管中加入 250 μL 溶液Ⅰ，使用移液器反复吹打或涡旋振荡器彻底悬浮细菌沉淀（注意：如果有未彻底混匀的菌块，会影响裂解，导致提取量和纯度偏低）。

4. 菌体裂解

向离心管中加入 250 μL 溶液Ⅱ，温和地上下翻转 6~8 次使菌体充分裂解。此时菌液应变得清亮黏稠，所用时间不应超过 5 min，以免质粒受到破坏。如果未变清亮，可能由于菌体过多，裂解不彻底，应减少菌体量（注意：温和地混合，不要剧烈振荡，以免打断染色体 DNA，造成提取的质粒中混有染色体 DNA 片段）。

5. DNA 粗提液制备

向离心管中加入 350 μL 溶液Ⅲ，立即温和地上下翻转 6~8 次，充分混匀，此时将出现白色絮状沉淀，室温放置 5 min。12 000 r/min 离心 5 min，此时在离心管底部形成沉淀（注意：溶液Ⅲ加入后应立即混合，避免产生局部沉淀）。

6. DNA 纯化

将吸附柱置于无盖收集管中，将上清液用移液器转移到纯化柱中，注意尽量不要吸出沉淀。12 000 r/min 离心 1 min,倒掉收集管中的废液,将纯化柱重新置于无盖收集管中(注意:如果上一步获得的上清液中还有微小白色沉淀,可再次离心后取上清液)。

7. DNA 漂洗

向纯化柱中加入 700 μL 漂洗液,12 000 r/min 离心 1 min,弃掉无盖收集管中的废液。

8. DNA 干燥

将纯化柱置于无盖收集管中,12 000 r/min 离心 2 min。将纯化柱取出、开盖,置于室温放置 2~5 min,以彻底去除纯化柱中残余的漂洗液(注意:漂洗液中的乙醇残留会影响后续酶促反应)。

9. DNA 洗脱

向纯化柱的吸附膜中间部位滴加 50 μL TE 溶液,然后将纯化柱置于一个新的 1.5 mL 无菌离心管中。室温放置 2 min,12 000 r/min 离心 1 min,将质粒溶液收集到离心管中。将质粒 DNA 溶液标记、−20℃ 冰箱保存备用。

10. 电泳槽组装及凝胶配制

正确安装水平电泳槽,加入 0.5×TAE 电泳缓冲液。根据样品 DNA 相对分子质量,选用 1% 的琼脂糖胶。称取 1.0 g 琼脂糖放入锥形瓶,加入 100 mL TAE 缓冲液和 5 μL Gold-view。将锥形瓶置于微波炉中加热 2~3 min 使琼脂糖充分熔解,室温放置,待琼脂糖冷却至 50~60℃ 进行制胶。将胶托正确放入制胶槽中,在胶托上垂直插入样品梳子。将熔化好的琼脂糖胶倒在胶托中央位置,让凝胶自由流向各方并避免产生气泡,控制凝胶厚度为 3~4 mm,自然冷却至室温。待凝胶完全凝固后,小心拔掉梳子,将凝胶连同胶托一并放入电泳槽中,确保电泳缓冲液淹没整个凝胶。

11. 上样

在一次性 PE 手套表面均匀混合 1 μL 6×载样缓冲液和 5 μL DNA 样品,加入点样孔中。另外,每块凝胶上点 1~2 孔 DNA Marker 作为参照(注意:点样时避免气泡产生)。

12. 电泳分离

盖好电泳槽盖子,连通电源,维持电压 90~110 V,电泳 30~50 min。当溴酚蓝迁移至距凝胶前沿 1~2 cm 时停止电泳。

13. 结果检测

取出凝胶,置于紫外透射仪或凝胶成像系统下观察 DNA 条带,拍照并做定性分析。

五、实验结果及分析讨论

(1)作为基因工程载体,质粒 DNA 须具备哪些基本特征?

(2)图示质粒 DNA 的主要构型并比较它们的电泳迁移率,在重组 DNA 技术时迁移率的改变可提供哪些信息?

(3)简述碱裂解法制备质粒 DNA 的基本原理。

(4)基于 SiO_2 的色谱柱纯化 DNA 的原理是什么?

(5)描述质粒 DNA 提取时使用的主要药品及其作用。

(6)指出 DNA 载样缓冲液倍数的意义,分析其主要成分组成及作用。

六、注意事项

（1）影响质粒 DNA 提取产量的常见因素有：质粒 DNA 的拷贝数较低，溶液Ⅱ或溶液Ⅲ量取不准确，导致质粒 DNA 不能复性而同沉淀一起被除去，DNA 纯化柱的吸附能力较低，可通过活化解决；在乙醇挥发步骤，SiO_2 吸附膜不能长时间干燥，以免 DNA 不可逆吸附，适当增加 DNA 洗脱的时间和次数有利于提高 DNA 产率。

（2）质粒 DNA 提取纯度主要受蛋白质和基因组 DNA 影响。蛋白质因素有：溶液Ⅱ或溶液Ⅲ量取不准确，或混合不均匀，导致蛋白质变性效果不佳而难以被彻底去除，吸取质粒 DNA 粗提液时混有较多的微小白色沉淀；基因组 DNA 因素有：提取过程中颠倒或吹打混合时，不要剧烈振荡以免打断染色体 DNA，造成提取的质粒中混有染色体 DNA 片段。

（3）质粒 DNA 的生物学质量主要由超螺旋形式所占比例决定，超螺旋比例越高则生物学活性越高。溶液Ⅱ的碱性过强、量取体积不准确、碱变性时间较长以及实验操作剧烈等均可导致 DNA 单链或双链断裂，ocDNA 和 linDNA 比例提高。另外，菌体超过对数生长期后 scDNA 比例也会有所降低。

（4）尽管相对分子质量一样，3 种不同构象的质粒 DNA 具有显著的电泳行为差异，scDNA 电泳迁移率最大，linDNA 次之，ocDNA 最小。

实验31 【核酸】磁性纳米粒子法小量提取细菌质粒 DNA

一、实验原理

质粒（plasmid）是存在于细胞质中、独立于细胞染色体之外能自主复制的遗传分子，多存在于原核生物细胞中，是目前基因克隆中最常用的载体分子。碱裂解法是最常用的提取质粒 DNA 的方法，可得到质粒 DNA 的粗提液。

含质粒 DNA 的粗提液一般来说不能直接供酶切、转化、测序和 PCR 等分子生物学应用，而需经进一步纯化。传统的苯酚/三氯甲烷抽提法及广泛应用的试剂盒法（DNA 可逆吸附到 SiO_2 膜上）都可以除去其中大部分残存的蛋白质及盐类离子等杂质，得到相对纯度较高的质粒 DNA。但上述方法往往使用有毒试剂，且需要频繁离心，耗时、费力且不利于节约成本。基于磁性纳米粒子（magnetic nanoparticles）的磁性分离技术与之相比具有较大的优势。将 SiO_2 包覆到磁性纳米 Fe_3O_4 表面，得到表面富含羟基的 Fe_3O_4/SiO_2 复合磁性纳米粒子，可作为酶固定化和核酸分离纯化等生物学应用的载体。在高盐和稍低 pH 条件下，DNA 可结合到 Fe_3O_4/SiO_2 表面，利用外界磁场的控制，可直接将吸附了 DNA 的磁性粒子从成分复杂的混合物中分离出来，而在低盐和稍高 pH 条件下 DNA 又可被洗脱下来，得到纯净的 DNA 溶液。该法提取纯度高，避免了使用三氯甲烷和苯酚等有毒试剂，从菌体收集到质粒 DNA 的获得仅需两步离心，而且后期操作可在一个离心管中完成，提取过程更加方便快捷。磁性分离技术近年被广泛应用于各种生物大分子的提取，特别是核酸的高通量和自动化提取方面。

为了得到纯的 DNA 制品，可用适量 RNase 处理提取液，以降解 RNA。同时，为了防止提取过程中 DNA 被细胞中释放出的 DNase 降解，要用 EDTA-Na$_2$ 抑制其活性。整个操作尽可能在较低的温度下进行。

提取的 DNA 是否纯净、是否是双链和高分子化合物，一般通过紫外吸收、化学测定和 T_m 测定等方法鉴定，本实验采用紫外吸收法。

二、实验材料

1. 材料

含质粒的大肠杆菌 DH5α 菌株。

2. 化学药品或试剂

(1)溶液 I：50 mmol/L Tris-HCl、10 mmol/L EDTA-Na$_2$，用盐酸调 pH 至 8.0，用时补加 RNase 使其终浓度为 50.0 μg/mL。

(2)溶液 II：1% SDS、0.2 mol/L 氢氧化钠溶液，现配现用。

(3)溶液 III：4.0 mol/L 盐酸胍、0.75 mol/L 乙酸钾，用冰乙酸调 pH 至 4.0。

(4)清洗液：70%乙醇，4℃冰箱中贮存。

(5)TE 溶液：10 mmol/L Tris-HCl、1 mmol/L EDTA-Na$_2$，pH 8.0。

三、实验器材

恒温摇床，离心机，离心管(1.5 mL)，移液器(10 μL、200 μL、1 000 μL)，磁性分离架，磁性纳米粒子(20.0 mg/mL Fe$_3$O$_4$/SiO$_2$)，真空干燥仪，紫外分光光度计。

四、操作步骤

1. 菌株培养及分离

取 1.5 mL 过夜培养的大肠杆菌溶液于离心管中，12 000 r/min 离心 60 s。弃上清液，将离心管倒置，尽量去除液体。

2. 菌体破碎及 DNA 提取

(1)向离心管中加入 250 μL 溶液 I，用移液器吹打，使菌体分散均匀形成菌悬液。

(2)向菌悬液中加入 250 μL 溶液 II，盖紧管盖，温和颠倒 4~5 次，静置 2 min。

(3)加入 350 μL 溶液 III，快速温和颠倒数次，此时可见白色絮状沉淀(杂质)出现，静置 2 min 后，12 000 r/min 离心 5 min。将含有质粒 DNA 的上清液转移到另一个离心管中备用，注意不要将白色絮状沉淀移走。

3. DNA 的磁性纳米粒子分离

(1)向上述质粒 DNA 上清液中加入 Fe$_3$O$_4$/SiO$_2$ 磁性纳米粒子 50 μL，用移液器轻轻吹打混匀，室温静置 5 min。

(2)将离心管置于磁性分离架上，磁性分离 1 min，弃上清液。

(3)向固定于磁性分离架上的离心管中缓慢加入 800 μL 清洗液，注意不要触动磁性纳米粒子，静置 1 min，弃上清液。

(4)60℃真空干燥 3 min，让乙醇挥发完毕。

(5)将离心管从磁性分离架上取出，加入 50 μL TE 溶液，并用移液器吹打磁性纳米粒子混匀，静置 1 min。

(6)将离心管置于磁性分离架上，磁性分离。将含 DNA 的上清液转移到另一个离心管中，此时所得的无色透明的溶液即为 DNA 溶液。

4. DNA 检测

取质粒 DNA 溶液 20 μL，稀释 200 倍，用紫外分光光度计测定质粒 DNA 在波长 260 nm 和 280 nm 处的吸光度 A_{260} 和 A_{280}。

$$DNA\ 浓度(\mu g/mL) = \frac{A_{260}}{0.020 \times L} \times 稀释倍数$$

式中　L——比色杯厚度，一般为 1 cm；

　　0.020——每毫升溶液内含 1.0 μg DNA 钠盐时的吸光度；

　　A_{260}——波长 260 nm 处的吸光度。

五、实验结果及分析讨论

(1)计算 DNA 的浓度及 A_{260}/A_{280}。

(2)磁分离法纯化生物大分子有何优势？

(3)比较磁分离法和色谱柱法纯化质粒 DNA 的原理及操作异同。

六、注意事项

(1)磁性纳米粒子吹打混匀时要从磁分离架上移开，远离磁场。

(2)DNA 洗涤步骤采用的是乙醇浸润法，不要对磁性纳米粒子进行吹打。

(3)所有涉及磁分离的步骤，需将磁性纳米粒子分离彻底后方可进行后续操作。

第二部分　实验基础原理和技术

第一章　常用基本操作技术

生物化学实验与其他学科的实验一样，在实施过程中都有一些基本的操作。按照操作要求进行实验是实验获得成功的重要保证。由于生物化学实验的要求较高，本部分针对一些较重要的操作进行介绍，为今后的实验奠定良好的操作基础。

一、器皿的清洁

生物化学实验中常与蛋白质、酶和核酸等生物活性成分打交道，这些物质的含量往往以"毫克"或"微克"计量，稍有杂质污染，就会对纯度及含量造成很大影响。因此，实验室所用器皿(包括玻璃器皿和塑料器皿等)是否彻底清洗干净是非常重要的，这是获得理想结果的前提。每位实验人员都要养成实验前后保持相关器皿清洁的良好习惯。

1. 玻璃器皿的清洗

新购买的玻璃器皿表面常附着游离的碱性物质，可先用 0.5% 的去污剂洗刷至无污物，再用自来水洗净，然后浸泡在 1%~2% 盐酸溶液中过夜(或浸泡在 0.5% 的清洗剂中超声清洗)，再次用自来水冲洗，最后用双蒸水冲洗两次。

使用过的玻璃器皿，先用自来水洗刷至无污物，再用合适的毛刷沾上去污剂(粉)洗刷，或浸泡在 0.5% 的清洗剂中超声清洗(比色皿绝不可超声)，然后用自来水彻底洗净去污剂，再用双蒸水洗两次。石英和玻璃比色皿的清洗不可用强碱清洗，只能用洗液或 1%~2% 的去污剂浸泡，然后依次用自来水和双蒸水冲洗干净。

2. 塑料器皿的干燥

因具有低成本、耐用等优势，塑料(如聚乙烯、聚丙烯等材质)器皿在生物化学实验中的使用越来越多。首次使用时可用 8 mol/L 尿素(用浓盐酸调 pH 至 1)清洗，接着依次用 1 mol/L 氢氧化钾和 1×10^{-3} mol/L EDTA-Na$_2$ 除去金属离子的污染，最后用双蒸水彻底清洗，以后每次使用时，可只用 0.5% 的去污剂清洗，然后用自来水和双蒸水洗净即可。

3. 玻璃器皿的干燥

清洗后的玻璃器皿要进行干燥。不同实验对干燥有不同的要求，一般定性分析用的烧杯、锥形瓶等玻璃器皿洗净即可使用，而定量分析则要求是干燥的。应根据不同要求进行玻璃器皿的干燥。玻璃器皿的干燥方法主要有烘干、烤干、晾干、吹干和用有机溶剂干燥五种。

(1)烘干：洗净的玻璃器皿可以放在电热干燥箱(烘箱)内烘干，但放进去之前应尽量把水倒净。烘箱温度为 105~110℃，烘干 1 h 左右。也可放在红外灯干燥箱中烘干。放置器皿时，应注意使器皿开口朝下，此法适用于一般玻璃器皿。

(2)烤干：烧杯或蒸发皿可以放在石棉网上用小火烤干。试管可以直接用小火烤干，操作时，试管要略倾斜，管口向下，并不时地来回移动试管。

(3)晾干：洗净的玻璃器皿可倒置(部分器皿要平置)在干净的实验柜内器皿架上，让其自然干燥。

(4)吹干:用压缩空气或吹风机把玻璃器皿吹干。

(5)用有机溶剂干燥:一些带有刻度的计量仪器,不能用加热方法干燥,否则会影响仪器的精密度。可以用一些易挥发的有机溶剂(如乙醇或丙酮)加到洗净的玻璃器皿中,把玻璃器皿倾斜转动,使器壁上的水与有机溶剂混合,然后倾出,少量残留在玻璃器皿内的混合液,很快挥发使玻璃器皿干燥。

二、微量进样器

微量进样器(microsyringe)如图 2-1-1 所示,常用作气相色谱仪、液相色谱仪的进样器,在生物化学实验中主要用作电泳实验的加样器。对 10 μL 以下的极微量样品的进样,进样器的不锈钢芯直接通到针尖端处,不会出现存液;对 10~100 μL 微量进样器来说,不锈钢的针尖管部分是空管,进样器的柱塞不能到达,因而管内会有存液。对于存液,吸液时要来回多抽拉几次,将针尖管内的气泡全部排尽。

微量进样器一般为玻璃材质,易碎、易损坏、易被浓碱溶液腐蚀。由于针尖管内孔极小,使用后必须立即清洗,防止堵塞。若遇堵塞现象,可以直径为 0.1 mm 的不锈钢丝耐心疏通。进样器未湿润时不可来回干拉不锈钢芯,以免磨损漏气。若进样器有不锈钢氧化物,可用不锈钢芯蘸少量肥皂水装入后来回抽拉,排出不锈钢氧化物。

图 2-1-1 微量进样器

三、移液器

随着科技的发展,移液器以其操作的便利性和移液的准确性越来越多地被应用到生物化学与分子生物学实验中。常用的移液器有单通道可调量程和多通道可调量程两种类型。其规格有 0.1~10 μL、0.5~20 μL、10~100 μL、20~200 μL、100~1 000 μL、0.5~5 mL、1~10 mL 等。通过选择合适规格的移液器及相应匹配的吸头,可随意量取我们所需体积的液体样品。单通道移液器和多通道移液器及适配吸头如图 2-1-2 所示。

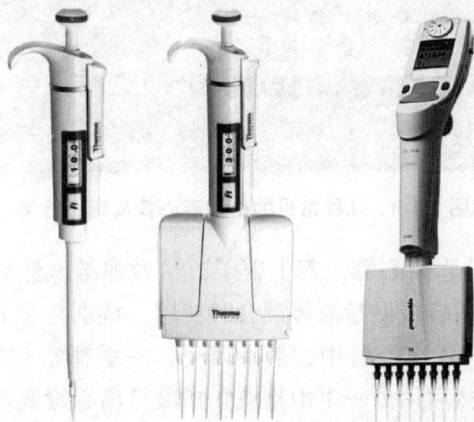

图 2-1-2 单通道移液器和多通道移液器及适配吸头

移液器的详细用法：

(1)设定体积：旋转液量调节旋钮可对体积进行连续设定。自移液器顶端或侧面体积显示窗中读取显示的数字。调节过程中要注意调节速度，避免调节过快导致移液器的卡死损坏。

(2)安装吸头：根据移液器量程，从吸头盒中选择恰当的吸头，将吸头紧密装至移液器吸嘴处。

(3)吸液：正确握住移液器，移液器指靠挂在食指上，用拇指按下控制按钮至第一挡，并将移液器的吸头浸入液面下约 3 mm，然后使控制按钮缓慢回弹至原位，移液器移出液面前略等待 3 s，随后缓慢提出移液器，并确保吸头外壁无残留液体，以保证移液的准确度。

(4)排液：将吸头以一定角度抵住试管或微孔板孔的内壁，缓慢将控制按钮按至第一挡并等待至无液体流下，将控制按钮按至第二挡使吸头完全排空，按住控制按钮将吸头沿内壁向上拉，完全取出移液器后缓慢释放控制按钮。

注意：切勿在吸头中有液体时平置移液器，以防液体流入移液器内部管道造成移液器污染或损坏。为达到高精准度，使用新移液器吸头时建议反复吸排 2~3 次。排液后，在吸头离开液面时，使其抵在容器内壁上，确保将吸头内液体完全排空。需要换吸头时，先按压移液器侧面的吸头推出器剥离吸头，再安装合适的新吸头。

四、离心管中液体的混匀

在进行生物化学实验时由于目标物质多是生物大分子，其液体体积较少，常以微升计量，且操作多在离心管(图 2-1-3)中进行，因此对离心管中液体的混匀度有较高的要求，混匀方法主要有如下几种。

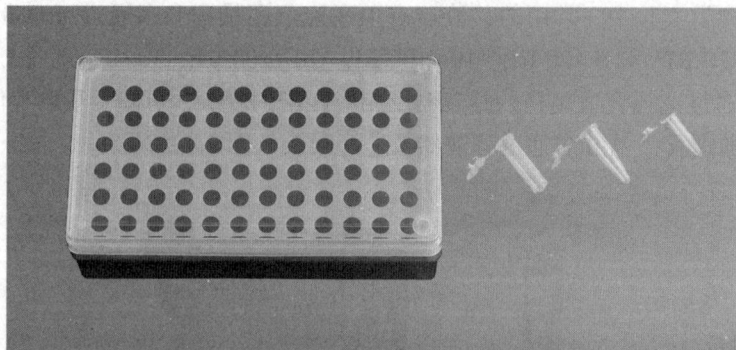

图 2-1-3　几种常见的小型离心管及离心管架

(1)离心法：将液体移入离心管，盖上盖子，稍做弹敲，然后瞬时离心，即可将离心管中的液体混合。该方法适合极微量液体混合时使用，特别是在 PCR 管中混合液体时。

(2)弹敲法：将液体移入离心管中，盖上盖子，一手拇指和中指持离心管盖子两侧，食指轻轻抵住盖子顶部，然后用另一手中指或食指敲打离心管底端，反复几次即可混匀。

(3)涡旋法：用涡旋混合器可非常容易地实现对各种离心管中的液体进行混合。涡旋混合器利用偏心旋转，使离心管中的液体产生涡流，从而达到使液体充分混合的目的。该方法的特点是混匀速度快且彻底，液体呈旋涡状能将管壁上的液体全部混匀。

（4）颠倒混匀法：当离心管中液体体积较大时，可在盖上盖子后用拇指和食指持离心管的顶部和底部，上下颠倒，反复几次即可将液体混匀。

（5）吹打混匀法：实验室中较常用的一种方法是移液器吹打混匀法。可在各种液体加到离心管中后用移液器反复吹打，直到混匀为止。

第二章　生物活性成分的制备

生物活性成分主要是指动物、植物及微生物在进行新陈代谢时所产生的蛋白质(包括酶)、核酸、多糖、脂类以及各种次生代谢物等生物分子的总称。作为生命科学研究中的主要对象，这些物质与生物、化学、医学、食品、物理及数学等学科密切相关。随着各种模式生物及人类基因组全序列测序工作的相继完成，生命科学的研究已经进入一个全新的时期——组学时代。另外，近些年来，随着糖生物学的再次兴起，以及各种次生代谢物质在医药开发上的应用等，使生物体内各种生化成分结构和功能的研究进入一个空前活跃的时期。因此，对各种生化成分进行分离、提取、纯化、鉴定及保存等各方面相关工作的研究就显得十分重要。由于不同的生化成分具有不同的来源、结构和性质特征等，它们所采用的方法通用性也较差。尽管如此，为获得结构完整的高纯度的活性生化成分，它们的制备原理和相关程序仍存在不少的共同之处。本章将以蛋白质和核酸为例来讨论其制备的一般过程。

一、生物材料的选择与预处理

1. 材料的选择

"有效成分"一词在生物材料的培养与选择过程中时常提到，有效成分是指具有特定生理功能的一类生化组分。有效成分以外的其他成分则统称为杂质。在各种生物材料中，有效成分的含量一般都较少，只有万分之一、几十万分之一甚至百万分之一。而且，有效成分的稳定性也比较差，大多数对酸、碱、高温、重金属离子和高浓度有机溶剂等因子较敏感，易被破坏变性。因此，有效成分的制备成功与否，与培养及选用的材料关系十分密切。总的来说，材料的培养和选择需遵循以下原则：来源丰富、成本低；有效成分含量高、稳定性好；或者尽管有效成分含量低，但组成单一，易被浓缩、富集；提取工艺简单，综合利用价值高等。

2. 材料的预处理

实验材料选定后，需及时处理，否则所需的有效成分将会部分甚至全部被破坏，从而影响其得率。如果材料不能立即处理，则需要进行预处理以防有效成分被破坏。因动物、植物和微生物材料的生物学特异性不同，所以进行预处理的要求和方法也不尽相同。

(1)微生物材料：由于微生物具有种类多、繁殖快、易培养、诱变简单和不受季节影响等许多特点，因此，它已成为制备生化成分的主要材料之一。一般用离心法就可分离菌体和上清液，细胞外酶和某些代谢物可以从上清液中获得，它们可以置于低温下进行短期保存。而细胞内有效成分需经破碎菌体后进行分离提纯，湿菌体可在低温下进行短期保存，制成冻干粉后则可在4℃下保存数月。

(2)动物材料：对于动物材料而言，常选择有效成分含量高的脏器组织为原材料，而脏器中常含有较多的脂肪，易被氧化发生酸败，另外，还会影响纯化操作和制品得率。因此，动物脏器在获得之后需马上剥去脂肪和筋皮等结缔组织，冲洗干净。若不马上进行提取纯化，应在最短的时间内骤冷(-45℃)后将其置于-10℃冰库(短期保存)或-80℃低温冰箱(数月保存)中储存。常用的脱脂方法有：人工剥离脏器外的脂肪组织；浸泡在脂溶性有机溶剂(如丙酮、乙醚等)中脱脂；快速加热(50℃左右)和快速冷却的方法脱脂；利用油脂分离器使油脂与水溶液分离等。另外，对于像脑、下垂体一类的小组织，可经丙酮脱水干燥后，制成丙酮粉储存备用；对于含耐高温有效成分(如肝素)的材料，可经沸水蒸煮处理，烘干后长期保存。

作为分析测定常用的血液样品，一般应在清晨饲喂前采取，以避免动物饲喂后食物成分的影响。由于血液中许多化学成分在血浆、血清和血细胞中的分布不同，有的差别很大，因而在血液分析中常需分别测定全血、血浆、血清和无蛋白血滤液的成分含量。

全血：取清洁干燥的试管或其他容器，收集动物的新鲜血液，立即与适量的抗凝剂充分混匀，所得到的抗凝血为全血。

血浆：经抗凝的全血在离心机中离心，使血细胞下沉，如此得到的上清液即为血浆。质量上乘的血浆应为淡黄色。为避免产生溶血，必须采用干燥清洁的采血器具和容器，并尽可能地少振摇。

血清：收集不加抗凝剂的血液，室温下自然凝固，所析出的淡黄色液体即为血清。为促使血清尽快析出，必要时可以采用离心缩短分离时间，并且可获得较多的血清，但离心速度不宜过高。

无蛋白血滤液：在许多生化实验中，通常需要将血液中的蛋白质除去，再进行分析测定。血液加入钨酸、三氯乙酸或氢氧化锌等蛋白质沉淀剂后离心或过滤所得到的上清液或滤液，即为无蛋白血滤液。

对于尿液样品，其代谢成分往往随着进食、饮水、运动及其他情况有所变动，一般收集晨尿进行分析，还可适当加入少量的稳定剂或防腐剂等后，再低温冷冻保存。

(3)植物材料：植物叶片(如菠菜、水稻的叶片)用水洗净即可使用，或在 10 h 内置于-30~-4℃冰箱中储藏备用；种子则需要泡胀、去壳或粉碎后才可使用。如果材料富含油脂，还要进行脱脂处理。

二、细胞破碎

对于分泌在细胞外的生物活性成分，其收集相对简单，可在不破碎细胞的情况下，用缓冲液进行抽提；但人们所需的多数生化成分都存在于细胞内，因此细胞破碎是进行有效生物活性成分提取的前提。一般动物细胞的细胞膜较脆弱易破损，经常在组织绞碎或提取时就被破坏了。而植物和微生物细胞的细胞壁较牢固，在提取前需要进行专门的细胞破碎操作，常用的细胞破碎方法有物理破碎法、化学处理法和生物酶解法。

1. 物理破碎法

(1)研磨法：将剪碎的生物材料置于研钵中，用研钵棒研碎。通常在研磨时加入一定量的石英砂以提高研磨效果，这时需要注意石英砂对有效成分的吸附作用。该方法较温和，适宜实验室使用。如果要进行大规模生产，则可采用电动研磨法。

(2)组织捣碎器法：用捣碎器(转速 8 000~100 000 r/min)处理 30~45 s 就可将植物细

胞和动物细胞完全破碎。破碎微生物细胞时，需要加入石英砂才更有效。该方法是一种剧烈的细胞破碎法，捣碎期间需保持低温，并且时间不能太长，以防止温度升高而引起有效成分变性。

（3）超声波法：多用于微生物细胞的破碎，破碎时间一般为 3~15 min。在细胞悬浮液中加入石英砂则可缩短处理时间。另外，该法常采用间歇处理并在降低温度的条件下进行，以防止设备长时间运转而产生过多的热量。

（4）压榨法：是一种可以高效破碎细胞的方法。用 30 MPa 左右的压力迫使几十毫升细胞悬浮液通过一个小于细胞直径的小孔，致使其挤破、压碎。

（5）反复冻融法：先将材料置于 −20~−15℃ 低温下冰冻一定时间，再将其置于室温下（或 40℃ 左右）迅速融化。如此反复冻融多次，可以将大部分细胞破碎。此法多适用于含对温度不敏感有效成分的动物材料。

（6）急热骤冷法：先将样品材料投入沸水中，维持 85~90℃ 15 min 后，再置于冰浴中急速冷却，使细胞迅速破碎。这种方法常用于含有对热不敏感有效成分的细菌或病毒材料。

（7）溶胀法：是由于在低渗溶液中细胞内外存在着渗透压差，致使溶剂分子大量进入细胞从而引起细胞膜发生胀破的一种现象。如将红细胞置于清水中，它会迅速溶胀破裂释放出血红素。

（8）自溶法：是指细胞结构在一定的 pH 和适当的温度下，利用其自身所具有的各种酶系（如蛋白水解酶等多种水解酶）使其自身发生溶解的现象。该法所需时间较长，操作时需要特别小心，以防止有效成分在细胞自溶时被分解。

2. 化学处理法

用脂溶性溶剂（如丙酮、氯仿）或表面活性剂（如十二烷基硫酸钠）处理细胞时，可以使细胞壁和细胞膜的结构部分破坏，进而使细胞释放出各种酶类等物质，最后导致整个细胞破碎。

3. 生物酶解法

许多生物酶（如溶菌酶、纤维素酶、蜗牛酶等）都具有专一性降解细菌细胞壁的作用。用这种方法处理时，先使细胞壁破坏，然后由渗透压差引起细胞膜破裂，最后导致整个细胞完全破碎。

三、目标物质的抽提

1. 抽提的含义

抽提是指用适当的溶剂和方法，从原材料中把有效成分分离出来的过程。对于经过预处理和细胞破碎的原材料中的有效成分，可用缓冲液、稀酸、稀碱或有机溶剂（如丙酮）等进行抽提，有时候还可以用双蒸水进行抽提。一般理想的抽提溶液需要具备下述条件：对有效成分溶解度大而破坏性小；对杂质不溶解或溶解度很小；来源广泛、价格低廉、操作安全等。抽提的原则是"少量多次"，即对于等量的用于抽提的溶液，分多次抽提比一次抽提效果要好得多。

2. 抽提条件的选择

提取条件的选择除考虑目标物质的溶解度外，同时还应考虑其在抽提溶剂中及特定

pH 条件下的稳定性。pH 是影响有效成分抽提的主要因素。对于蛋白质或酶等具有等电点的两性电解质物质，抽提液的 pH 一般选在等电点两侧的稳定范围内。通常碱性蛋白质选取低于等电点的 pH 的溶液进行抽提，而酸性蛋白质选用高于等电点的 pH 的溶液进行抽提，或者用一定 pH 的有机溶剂进行抽提。例如，胰岛素提取选择水作溶剂，pH 2.5～2.7，而胰岛素在 pH 2.0 时溶解度比 pH 2.5 时更大，但在 pH 2.0 时，胰岛素的稳定性降低。同时还应考虑提取的最适时间，一般来说，生物大分子提取时间越长，得率越大，而同时杂质溶解度也增大。因此，提取的最佳条件的选择，必须综合分析各种影响因素，合理地搭配各种提取条件。

四、目标物质的初分离

为获得所需要的有效成分，采取适当的方法除去混杂在生化成分提取液中杂质的过程称为目标物质的初级分离。常用的方法有沉淀法、超滤法及透析法。

1. 沉淀法

沉淀法分离生物分子的基本原理是根据各种物质的结构性质差异（如蛋白质分子表面疏水基团和亲水基团之间比例的差异）来改变溶液的某些性质（如 pH、极性、离子强度和金属离子等），使抽提液中有效成分的溶解度发生改变，然后经过适当的处理，即可以达到分离的目的。该法是纯化生化成分中常用的一种经典方法，具有操作简单、成本低廉等特点。沉淀法主要包括盐析沉淀法、有机溶剂沉淀法和等电点沉淀法等。

（1）盐析沉淀法：由于生物大分子都是比较稳定的亲水胶体，因此当在其溶液中加入高浓度的硫酸铵、氯化钠等中性盐时，可有效地破坏蛋白质颗粒的水化层（盐离子半径越小，水化能力越强）。同时，又中和了蛋白质表面的电荷，从而使生物大分子集聚而生成沉淀。

（2）有机溶剂沉淀法：有机溶剂能对许多水溶性成分产生沉淀作用，其原因是有机溶剂有较强的水化能力，可夺取生化分子周围的水化膜，另外也可降低溶液的介电常数。常用的有机溶剂有乙醇和丙酮。

（3）等电点沉淀法：是利用蛋白质在等电点时其溶解度相对最低，各种蛋白质通常又具有不同等电点的特点进行分离的方法。

2. 超滤法

超滤法常对溶液表面施加一定的压力，使其通过特定的超滤膜，从而达到对溶液中各溶质分子进行选择性过滤的一种纯化方法。当溶液在一定的压力作用下（氮气压或真空泵压），溶剂和小分子可透过薄膜，而大分子则受阻保留，该法最适合生物大分子的浓缩和脱盐，具有操作简便、分辨效率高、条件温和且不引起离子状态及相的变化等优点。

3. 透析法

透析法是指将待处理的溶液置于具有半透膜性质的透析袋中，然后将此袋放在水或适当离子强度的缓冲液中，无机盐及一些小分子的代谢产物由于扩散作用通过半透膜而被除去，而大分子物质仍然保留在袋中。该法多用于制备生物大分子时除去或更换小分子物质、脱盐及改变溶剂成分等。

五、目标物质的纯化与纯度鉴定

1. 目标物质的纯化

目标物质经过初分离后仍含有杂质，需要做进一步纯化，这个过程称为目标物质的纯化。常用的方法有层析法、电泳法、离心法和结晶法等。选择哪一种方法主要取决于目标物质的理化性质。

（1）层析法：层析技术是当前生化成分分离纯化最有效的手段。无论何种层析技术，其基本原理都是基于各种生化成分在两相中具有不同的分配系数，当两相做相对运动时，各种生化成分在两相间进行反复分配，由于其分配系数不同导致其迁移速度产生差异，从而达到分离纯化的目的。

（2）电泳法：由于生物活性成分的带电性质、电荷数量多寡、颗粒形状和大小不同，因而在一定电场中移动方向和速度不同，从而使它们得到有效分离，这就是电泳技术。电泳技术常以有无支持物来分类。在溶液中不用支持物进行的电泳称为自由电泳；反之，用支持物进行的电泳称为支持物电泳。根据所用支持物的不同又可以分为纸电泳、醋酸纤维薄膜电泳、琼脂糖凝胶电泳、聚丙烯酰胺凝胶电泳等。

（3）离心法：离心分离技术是借助离心机旋转产生的离心力，根据物质的沉降系数、质量、密度和浮力等不同，从而使物质分离的一种技术。离心分离技术已在生物化学、分子生物学和生物工程等的科研和生产中得到广泛应用，特别是超离心技术已成为分离、纯化、鉴别各种生化成分的重要手段之一。

（4）结晶法：结晶是指物质从液态或气态形成晶体的过程，在生物化学领域内，绝大多数物质的结晶都是从液态通过一定条件形成晶体的过程，其实质上是在特定条件下，通过改变溶解度来产生沉淀的一种方法。该工艺可应用于各种生化成分的制备，制备的结晶物也常用于结构分析。其具体操作是将欲结晶的物质溶解于适当的溶剂中，然后在此溶液中加入适量的盐（如 20%~40% 的硫酸铵）或有机溶剂（如乙醇、丙酮），使欲结晶物质的溶解度降低至接近饱和临界浓度或刚刚出现微弱的浑浊，同时调 pH 至等电点附近，控制温度在 4℃ 左右，然后经过一定时间（几小时至数周）的陈化，即可得到结晶沉淀。

2. 目标物质的含量测定和纯度鉴定

在生化成分分离提纯过程中，经常需要测定其含量和提纯程度（即跟踪分析）。生化成分含量和纯度的测定是一项复杂而重要的工作，这里仅做一般性方法介绍。

（1）含量测定方法：测定蛋白质和蛋白质酶含量常用的方法有：凯氏定氮法、双缩脲法、Folin-酚试剂法（又称 Lowry 法）、Bradford 染料结合方法、考马斯亮蓝 G-250 法、紫外线吸收法等，测定蛋白质混合物中某一特定蛋白质的含量通常要用具有高度特异性的生物学方法。具有酶或激素性质的蛋白质可以利用它们的酶活性或激素活性来测定；利用抗体-抗原反应，也可测定某一特定蛋白质的含量。这些生物学方法的测定和总蛋白质测定配合，可用来研究蛋白质分离纯化过程中某一特定蛋白质的提纯程度。蛋白质纯度常用某一特定成分与总蛋白之比来表示，如每毫克蛋白质含多少活性单位（对酶蛋白来说，这一比值称为比活力；对激素类则称为生物活性）。

测定核酸总量常用的方法有：定磷法测定 RNA 或 DNA，二苯胺法测定 DNA，地衣酚法(改良法)测定 RNA，紫外线吸收法等。

测定多糖总量常用的方法有：斐林试剂法、蒽酮法、旋光法等。

(2)纯度鉴定方法：纯度鉴定是分离纯化过程每一步必不可少的一项工作，其目的不仅研究产品纯度，而且也了解所采用纯化方法的优劣，指导研究工作深入进行。目前，各种生化成分纯度的鉴定通常采用电泳、层析、沉降、高效液相色谱(HPLC)和溶解度分析等物理化学方法。另外，还可通过结构分析和免疫分析来鉴定其纯度。需要注意的是：采用任何单一方法鉴定所得到的结果只能作为制品的必要条件而不是充分条件。事实上，只有很少的生化成分能够全部满足以上严格要求，往往是在一种鉴定中表现为均一性的制品，在另一种鉴定中又表现出不均一性。

蛋白质和酶制品纯度的鉴定通常采用 SDS-PAGE 法、等电聚焦电泳法、N-末端氨基酸残基分析、HPLC、沉降分析、扩散分析等。

核酸的纯度鉴定通常采用琼脂糖凝胶和聚丙烯酰胺凝胶电泳、沉降分析和紫外线吸收法等物理方法。紫外吸收法较为常用，即在 pH 7 时，测定样品在波长 260 nm 与 280 nm 处的光吸收(A)值，从 A_{260}/A_{280} 的比值即可判断样品的纯度。核酸样品还可以进行生物活性测定，如测定 mRNA 体外翻译活性，用于了解核酸在纯化过程中的提纯程度。

六、制品的浓缩、干燥和保存

1. 浓缩

浓缩是指从低浓度的溶液中除去水或溶剂使之变为高浓度溶液的过程。生物样品在较稀的溶液中不够稳定，需要浓缩或制成干粉才能长时间保存。一些分离提纯方法如超滤法、透析法和亲和层析法等也能起到浓缩作用。这里主要介绍吸收浓缩、蒸发浓缩及冷冻浓缩。

(1)吸收浓缩：是指加入吸收剂从溶液中直接吸收水或溶剂使溶液达到浓缩的一种方法，有凝胶直接吸收和在半透膜外吸收两种。所用的吸收剂必须具有不与溶液起反应、不吸附溶质、容易和溶液分离、除去溶剂后能重新使用等特性。常用的吸收剂有各种凝胶、聚乙二醇、聚乙烯吡咯烷酮和葡聚糖等。

(2)蒸发浓缩：蒸发是指溶液表面的水或溶剂分子获得动能超过溶液内分子间的吸引力之后，脱离液面进入溶液外部空间的过程。可以借助蒸发从溶液中除去水或溶剂而使溶液浓缩。实验室常用的蒸发浓缩方法有三种：常压加温蒸发浓缩、减压加温蒸发浓缩和空气流动蒸发浓缩。

(3)冰冻浓缩：是利用溶液在低温下结成冰，盐类及生物大分子不能进入冰内而留在液相中，从而达到浓缩的一种方法。操作时，先将待浓缩的溶液冷却使之变成固体，然后缓慢溶解，利用溶剂与溶质溶解点的差别而达到除去大部分溶剂的目的。

2. 干燥

在生化成分制备过程中，为了提高目标物质的稳定性，便于对其进行分析、研究、应用和保存，需要将固体、膏状物、浓缩液及液体生物样品中的溶剂尽可能除尽。常用的干燥方法有常压吸收干燥、真空干燥、冷冻真空干燥等。

(1)常压吸收干燥：是在密闭空间内用干燥剂吸收水或溶剂而达到干燥目的。

(2)真空干燥：与减压浓缩相同，真空度越高，溶液沸点越低，蒸发越快。该法特别适用于不耐高温、易氧化物质的干燥和保存。

(3)冷冻真空干燥：又称升华干燥，在相同压力下，水蒸气压力随温度的下降而下降，故在低温低压下，冰很容易升华为气体。此法干燥后的产品具有疏松、溶解度好、保持天然结构等优点，适用于各类生物大分子的干燥保存。

3. 保存

生化成分制备以后，要进行及时保存，以防止其受到多种因素的影响(如温度、水分、酸碱度等)而变质被破坏。制品在保存过程中还需要进行定期检查，以便及时进行处理和更换等。制品保存的常用方法有以下几种。

(1)密闭保存：凡暴露于空气中易发生水解(如含 RCO—、RSO_2—等基团的样品)、潮解(如含有 Br^-、Cl^-、NO_3^-、—COOH 等基团的、易溶于水的有机物)、氧化(如含—SH、—NO 等基团的样品)、聚合(如含—CHO、—CH＝CH—等基团的样品)、吸收 CO_2 而碳酸化(如含 OH^- 等的样品)、风化(如含结晶水的样品)、挥发或霉变乃至所有的样品，都可以采用该方法来保存，以防止空气及水分的侵入。

(2)低温保存：主要适用于对热敏感的生化活性物质及易水解、氧化物质的保存，一般认为温度越低越好。但是由于不同制品具有不同的理化性质，耐热性也不完全相同，因此必须根据制品的具体特性选择保存温度。尤其是对一些低温敏感的制品，保存温度不能太低。

(3)固态干燥保存：液态制品的保存虽然可省去费时费力的干燥处理过程，但水的存在使样品稳定性大大下降；而固态干燥保存则创造了不利于微生物生存的条件，一些在水溶液中容易变性或水解、氧化的制品，在干燥或低温下都比较稳定。例如，干燥青霉素在完全无水条件下可以长期保持效价不变，但如果吸湿或含水在 10% 以上时即可分解失效。固态干燥保存是最古老、最普遍采用的方法，在生化成分的保存中占有重要的地位。

(4)避光保存：凡见光容易分解、氧化或变色的制品，均应放置在棕色玻璃瓶内避光保存。若没有棕色瓶，也可以用黑色纸包裹或暗处避光保存。对光特别敏感者(如维生素 C)则需在棕色瓶外再包一层黑纸。

(5)添加稳定剂：液态物质保存时，经常需要添加一些起稳定作用的辅助成分，如防腐剂、抗氧剂、酸碱调节剂等，这类物质通称为稳定剂。常用的防腐剂如乙醇等。

第三章 吸收光度分析技术

一、光谱与光度

物质的光学性质是我们对自然界中的物质进行定性和定量分析的重要依据。构成各类化学物质的原子、分子、基团具有发射、吸收或散射光谱的特性。用此特性来测定物质的性质、结构及含量的技术称为光谱光度分析技术。

光和无线电波一样同属于电磁波。白光是由各种波长不同的光组成，通过棱镜时可分成红、橙、黄、绿、蓝、青、紫等一系列波长的光。不同的光源（如钨灯、日光灯、氙灯、汞灯）以及分子与原子燃烧时发射的光通过三棱镜都会呈现出不同的色谱，但它们的发射光谱有所区别。例如，日光和钨灯发出的由红、橙、黄、绿、蓝、青、紫组成的光谱，其中红光的波长最长，为 800 nm 左右，其他依次变短，紫光的波长最短，为 400 nm 左右。在整个自然界的电磁波中，波长 400~800 nm 的光是肉眼可见的，所以称为可见光谱。波长比 400 nm 短的光称为紫外光。氙灯发射的光谱在波长 185~400 nm，所以属于紫外光区。波长比 800 nm 长的光称为红外光。紫外光和红外光都属于肉眼看不到的非可见光区。电磁波频谱如图 2-3-1 所示。

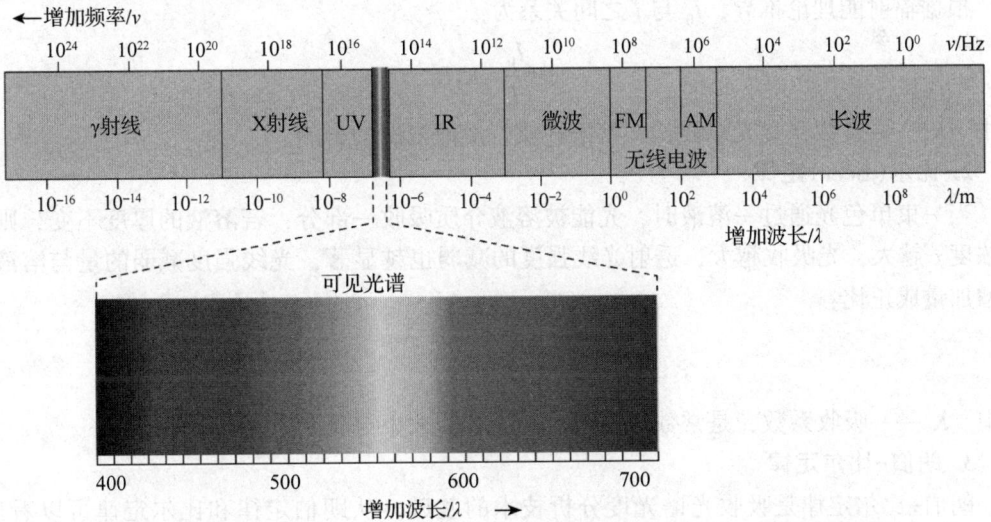

图 2-3-1　电磁波频谱

如果在钨灯光源与棱镜之间放一杯有色溶液就会看到原来呈现的七色光谱改变了，出现了一处或几处暗带，即光源发射光谱中某些波长的光被溶液吸收了。这种被溶液吸收后的光谱称为该溶液的吸收光谱（absorption spectrum）。光谱中变为暗带的部分即为被溶液吸收最多的波长光，而未被吸收透过最多的那部分波长光即为溶液所呈现的颜色。可见，一种物质溶液之所以呈现某一种颜色，就是由于它吸收了某一波长可见光的结果，不同物质的溶液透过和吸收的光波长各不相同，呈现的颜色也各不相同。由于不同物质制成的溶液所形成的吸收光谱不同，因此可以根据吸收光谱的特点用于鉴别溶液中的物质性质（即可通过对某溶液全波长扫描来做鉴定）。如果一种物质的溶液全部吸收了可见光谱则呈黑色，如果对可见光完全不吸收则呈白色。而且，溶液中物质的含量越多，吸收某一波长的光越多，其颜色也就越深。据此原理，我们可以依据吸收某一波长光的多少来测定溶液中物质的浓度，称为吸收光度分析技术。基于此技术使用的仪器称为分光光度计（spectrophotometer）。

二、朗伯-比尔（Lambert-Beer）定律及应用

1. 朗伯（Lambert）定律

一束平行单色光垂直照射于一均匀物质（溶液）时，由于溶液吸收一部分光能，使光线强度减弱，若溶液的浓度不变，则溶液的厚度越大，光线强度的减弱也越显著。

设：入射光强度为 I_0，L 表示溶液的厚度（即光程），出射光（透过光）强度为 I，

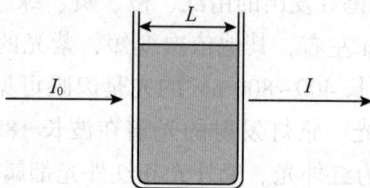

根据辐射能理论推导，I_0 与 I 之间关系为：

$$\lg \frac{I_0}{I} = K_1 L$$

式中　K_1——常数，受光线波长、溶液性质、溶液浓度的影响。

2. 比尔（Beer）定律

当一束单色光通过一溶液时，光能被溶液介质吸收一部分，若溶液的厚度不变，则溶液浓度 c 越大，光吸收越大，透射光线强度的减弱也越显著，光线强度减弱的量与溶液浓度增加量成正比：

$$\lg \frac{I_0}{I} = K_2 c$$

式中　K_2——吸收系数，是常数，溶液对光吸收的大小与溶液浓度 c 成正比。

3. 朗伯-比尔定律

朗伯-比尔定律是吸收光谱光度分析技术的基础。从朗伯定律和比尔定律可以看出，$\lg \dfrac{I_0}{I}$ 的大小既与溶液单独光程 L 成正比，也与溶液的浓度 c 成正比，因此可得出一个新的方程：

$$\lg \frac{I_0}{I} = K \times c \times L$$

令　　　　　　　　　　　　$A = \lg \dfrac{I_0}{I}, \quad T = \dfrac{I_0}{I}$

则

$$A = K \times c \times L = -\lg T$$

式中　A——吸光度（光密度、消光度）；

　　　T——透光度，通常以百分率来表示，称为透光率；

　　　K——常数，又称消光系数（extinction coefficient），表示物质对光线吸收的本领，其值因物质种类和光线波长而异，对于相同物质和相同波长的单色光则消光系数不变。

根据朗伯-比尔定律，如果单色光的波长、溶液的性质和溶液的厚度一定时，用已知浓度的标准液和未知浓度的待测液进行比色分析就可以得出下列公式：

$$A_标 = K \times c_标 \times L$$

$$A_样 = K \times c_样 \times L$$

由于是同一类物质及相同光径，

故

$$\frac{A_样}{A_标} = \frac{K \times c_样 \times L}{K \times c_样 \times L} = \frac{c_样}{c_标}$$

则

$$c_样 = \frac{A_样}{A_标} \times c_标$$

式中　$c_样$——待测样品浓度；

　　　$A_样$——待测样品吸光度；

　　　$c_标$——标准溶液浓度；

　　　$A_标$——标准溶液吸光度。

根据此式，对于相同物质和相同波长的单色光（消光系数不变）来说，溶液的吸光度和溶液的浓度成正比。故已知标准溶液的浓度及吸光度，按公式可算出测试样品溶液的浓度。

三、吸收光度分析技术在生物化学中的应用

利用分光光度计对物质进行定量测定的方法主要有标准曲线法和直接比较法（标准管法）。

1. 标准曲线法

用已知浓度的标准溶液，配制一系列不同浓度的标准梯度溶液，在最大吸收波长（λ_{max}）处测得各个吸光度（A）值。以浓度为横坐标，A 为纵坐标，绘制标准曲线（$A-C$ 曲线），取其直线部分作定量依据。对于被测样品，以相同条件在 λ_{max} 处测定 A 值，再从标准曲线上查得该样品的相应浓度。标准曲线制作与测定管的测定，应在同一仪器上进行，在配制样品时，一般选择相当于标准曲线中部的浓度较好。

2. 直接比较法（标准管法）

将样品溶液与已知浓度的标准溶液在相同条件下在 λ_{max} 处分别测定 A 值（因为在此条件下，两者 K 值相等），然后可根据下式，求得样品溶液的浓度含量。

$$c_样 = \frac{A_样}{A_标} \times c_标$$

四、分光光度计的结构

根据吸收光谱光度原理及朗伯-比尔定律设计的测定物质浓度的仪器为分光光度计。

分光光度计的型号主要有可见光、紫外光和红外光三种。不同分光光度计在构造上基本相似，一般都包括光源、单色光器、吸收池、接收器和测量仪等几部分。其原理为：光源发出的光经单色光器变为特定波长的单色光，此光通过吸收池被吸光物质所吸收，吸收后透出的光照到接收器上产生电流，电流推动测量仪以光密度或透光率表示出来，其构造如图 2-3-2 所示。

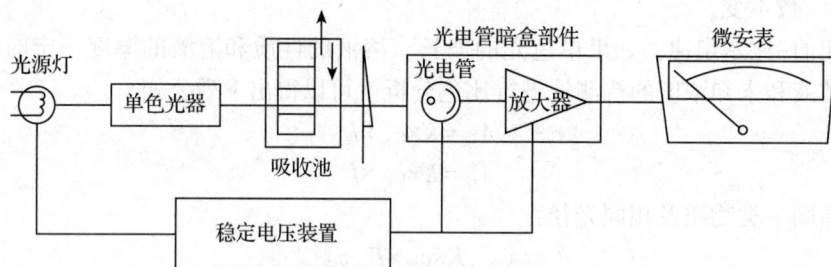

图 2-3-2　分光光度计基本构造

1. 光源

一个良好的光源要求具备发光强度高、光亮、稳定、光谱范围较宽和使用寿命长等特点。一般用钨灯产生可见光谱，氘灯产生紫外光谱，红外光谱由白炽固体(如碳化硅棒)产生。为了使光源发出的光线稳定，光源的供电需要由稳定电压装置供给。

2. 单色光器

在光度法测定中，由于某一物质只对某一波长光吸收最强，因此测定中总是选用被溶液吸收最大的单色光进行测定，此时溶液浓度发生较小的改变时也能引起光密度较大的变化，从而提高测定的精密度。单色光器是产生单色光的装置，多用棱镜或光栅分出所需要的单色光，它们能在较宽光谱范围内分离出相对纯波长的光线。

3. 吸收池

吸收池(或称比色皿、比色杯、比色池)是放置被测溶液的容器。在可见光范围内测量时常选用玻璃吸收池；在紫外线范围内测量时必须用石英吸收池。吸收池有不同的厚度(L，是指吸收池内径的距离，即光程)。比色杯的质量是取得良好分析结果的重要条件之一，因此，务必注意仔细操作和及时清洗并保持清洁。

4. 检测系统

检测系统主要由接收器和测量仪两部分组成，常用的接收器有光电池、真空光电管或光电倍增管等。它们可将接收到的光能转变为电能，并通过高灵敏度光电倍增管将弱电流放大，提高敏感度。通过测量所产生的电能，由电流计显示出电流的大小，在仪表上可直接读得 A 值、T 值。较高级的现代仪器，还常附有计算机及自动记录器，可自动绘出吸收曲线。

第四章 荧光光谱技术

一、荧光及发光机制

某些物质受一定波长的光激发后，在极短时间内（1×10^{-8} s）会发射出波长大于激发波长的光，这种光称为荧光（fluorescence）。荧光是一种光致发光的冷发光现象。当某种常温物质经某种波长的入射光（通常是紫外线或 X 射线照射，吸收光能后进入激发态，且立即退激发并发出比入射光的波长更长的出射光（通常波长在可见光波段），而一旦停止照射，发光现象也随之立即消失。在日常生活中，人们通常广义地把各种微弱的光亮都称为荧光，而不去仔细追究和区分其发光原理。

光照射物质时，光量子打到分子上，大约在 1×10^{-15} s 内被吸收，原来处于基态的电子 S_0（通常为自旋单重态）被激发而跃迁至具有相同自旋多重度的能级，从而使分子处在激发态 S_2^*。即 $S_0 + h\nu_{EX} \longrightarrow S_2^*$，这里 h 为普朗克常数，ν_{EX} 为入射光光子的频率。此后，激发态分子通过内转换过程把部分能量转移给周围分子，使较高激发态的电子很快回到最低激发态的最低振动能级（又称第一单线态）。处在第一单线态的分子的平均寿命是 1×10^{-8} s 左右。例如，电子可以从 S_2^* 经由非常快的（短于 1×10^{-12} s）内转换过程无辐射跃迁至能量稍低并具有相同自旋多重度的激发态 S_1^*（$S_2^* \longrightarrow S_1^*$），紧接着从 S_1^* 以发光的方式释放出能量回到基态 S_0（$S_1^* \longrightarrow S_0 + h\nu_F$），这里发出的光就是荧光，其频率为 ν_F。根据回到的振动能级的不同（$V=0$、$V=1$、$V=2$、$V=3$），荧光的波长就不同，从而形成荧光发射带光谱。由于发射荧光前已有一部分能量被消耗，所以发射的荧光所对应的能量要低于吸收的光能量，故在这一过程中发出的荧光的频率 ν_F 低于入射光的频率 ν_{EX}。荧光态的寿命为 $1\times10^{-8} \sim 1\times10^{-5}$ s，这就是前面提到的"立即退激发"的具体含义。荧光产生过程如图 2-4-1 所示。

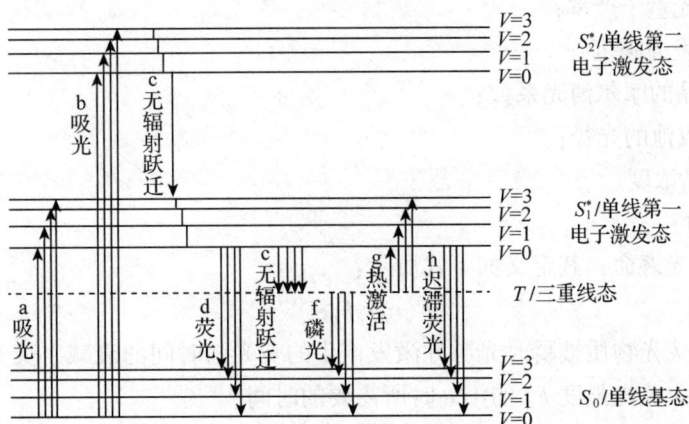

图 2-4-1 荧光及磷光过程中电子能态变化

具体状态变化过程反应式如下：

$$S_0 + h\nu_{EX} \longrightarrow S_2^* \longrightarrow S_1^* \longrightarrow S_0 + h\nu_F$$

物质能否产生荧光，除了和物质本身的结构直接相关外，还与周围介质环境（如溶剂极性、pH、温度等）有关。

电子也可以从激发态 S_1^* 经由系间跨越过程无辐射跃迁至能量较低且具有不同自旋多重度的激发态 T_1^*（通常为自旋三重态），再经由内转换过程无辐射跃迁至激发态 T_1^*，然后以发光的方式释放出能量而回到基态 S_0。由于激发态 T_1^* 和基态 S_0 具有不同的自旋多重度，其跃迁过程是被跃迁选择规则所禁阻的，虽然此过程在热力学上有利，但动力学上是不利的，从而需要更长的时间（从 1×10^{-4} s 到数分钟乃至数小时不等）来完成这个过程；当停止入射光后，物质中还有相当数量的电子继续保持在亚稳态 T_1^* 上并持续发光直到所有的电子回到基态，这种缓慢释放的光称为磷光。

二、相关概念和参数

1. 激发光谱

固定发射波长，用不同波长的激发光激发样品，记录下相应的荧光发射强度，即得激发光谱。

2. 发射光谱

固定激发波长，记录在不同波长所发射的荧光的相对强度，即得发射光谱。

3. 量子产率

量子产率一般用 ϕ 表示，其定义如下式所示：

$$\phi = 发射量子数/吸收量子数$$

4. 荧光强度

荧光的相对强弱，与很多因素有关，可用下式表示：

$$F = K\phi I_0(1 - 10^{-\varepsilon cL})$$

式中　F——荧光强度；

　　　K——仪器常数；

　　　ϕ——荧光量子产率；

　　　I_0——激发光强度；

　　　ε——样品的摩尔消光系数；

　　　L——吸收池的光径；

　　　c——样品浓度。

5. 荧光寿命

用 τ 表示荧光寿命，其定义如下式所示：

$$F(t) = F_0 e^{-(t/\tau)}$$

该式表达了荧光物质被瞬时光脉冲激发产生的荧光随时间的衰减。荧光寿命 τ 就是荧光强度下降到最大荧光强度 F_0 的 $1/e$ 时所需要的时间。

6. 荧光偏振

荧光偏振常用偏振度表示，其定义如下式所示：

$$P=(F_{/\!/}-F_\perp)/(F_{/\!/}+F_\perp)$$

式中　$F_{/\!/}$——激发光起偏器和荧光检偏器的透射轴方向平行时测得的荧光强度；

$F_\perp$——上述两方向互相垂直时的荧光强度。

当 $P=0$ 时，说明完全不偏振；P 在 $-1\sim +1$ 即为部分偏振。

三、荧光分光光度计

荧光技术中应用的主要仪器有荧光分光光度计和毫微秒荧光计。荧光分光光度计是用于扫描液相荧光标记物所发出的荧光光谱的一种仪器，可提供包括激发光谱、发射光谱、荧光强度、量子产率、荧光寿命、荧光偏振等许多物理参数，从各个角度反映分子的成键和结构情况。荧光分光光度计的激发波长扫描范围一般是 190~650 nm，发射波长扫描范围是 200~800 nm。通过对这些参数的测定，不但可以做一般的定量分析，推断分子在各种环境下的构象变化，从而阐明分子结构与功能之间的关系；还可对混合物中光谱重叠但有寿命差异的组分进行分辨并分别测量。

荧光分光光度计的基本结构如图 2-4-2 所示，主要由激发光源（为高压汞蒸气灯或氙弧灯，后者能发射出强度较大的连续光谱，且在 300~400 nm 强度几乎相等，故较常用），激发单色器（置于光源和样品池之间的为激发单色器或第一单色器，筛选出特定的激发光谱），发射单色器（置于样品池和检测器之间的为发射单色器或第二单色器，常采用光栅为单色器，筛选出特定的发射光谱），样品池（通常由液体样品石英池或固体样品架组成，测量液体时，光源与检测器成直角；测量固体时，光源与检测器呈锐角）及检测器（一般用光电管或光电倍增管作检测器，可将光信号放大并转为电信号）等组成。和一般分光光度计不同，荧光检测是在与激发光垂直方向上进行。

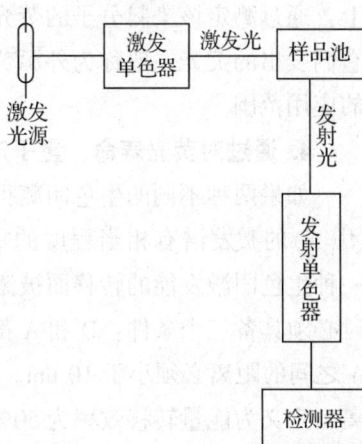

图 2-4-2　荧光分光光度计基本结构

结果的显示方式有记录仪、表头、数字显示、打印等。一些高级荧光分光光度计还连有微处理机处理数据，可进行光谱积分、微分、本底扣除等。在荧光分光光度计的激发光路和发射光路中分别插入一块偏振镜，并使之可以旋转，即可进行荧光偏振的测量。

四、荧光光谱技术在生物学中应用

荧光光谱法具有灵敏度高、选择性强、用样量少、方法简便、工作曲线线性范围宽等优点，可以广泛应用于生命科学、医学、药学和药理学、有机化学和无机化学等领域。特别是近年来，荧光光谱技术在生命现象的阐释方面起到了关键作用，与之相关的研究还多次获得诺贝尔奖。

1. 定性研究

不同物质由于分子结构的不同，其激发态能级的分布具有各自不同的特征，这种特征反映在荧光上表现为各种物质都有其特征荧光激发和发射光谱。因此，可以用荧光激发和发射光谱来进行物质的鉴别。

2. 定量测定

在溶液中，当荧光物质的浓度较低时，其荧光强度与该物质的浓度通常成正比关系，即 $IF=KC$，利用这种关系可以进行荧光物质的定量分析，与紫外-可见分光光度法类似，荧光分析通常也采用标准曲线法进行。该法常用于测定氨基酸、蛋白质、核酸的含量。荧光定量测定的一个优点是灵敏度高，如维生素 B_2 的测定限量可达 0.001 μg/mL，这一优点使测定时所需要样品量大大减少。该法还可应用于酶含量及酶反应速率的测定等。

3. 研究生物大分子的物理化学特性及分子结构和构象

荧光的激发光谱、发射光谱、量子产率和荧光寿命等参数不仅和分子内荧光发色团的自身结构有关，还强烈地依赖于发色团周围的环境，即对周围环境十分敏感。利用此特点可通过测定上述有关荧光参数的变化来研究发色团所在部位的微环境的特征及其变化。在此研究中，除了利用生物大分子本身具有的发色团(如色氨酸、酪氨酸、鸟苷酸等，此类荧光称为内源荧光)以外，可将一些特殊的荧光染料分子共价地结合或吸附到生物大分子上，通过测定该染料分子的荧光变化来研究生物大分子(这种染料分子称为"荧光探针")，它们发出的荧光一般称为外源荧光。荧光探针的应用，大大地开拓了荧光技术在生物学中的应用范围。

4. 通过对荧光寿命、量子产率等参数研究生物分子间的能量转移

如果两种不同的生色团离得较近，且其中一种生色团(D)的荧光发射谱与另一种生色团(A)的激发谱有相当程度的重叠。则当第一种生色团被激发时，另一种生色团却因第一种生色团激发能的转移而被激发，这种现象称为荧光共振能量转移(FRET)。产生 FRET 时必须具备三个条件：D 和 A 都能发光；D 的反射谱和 A 的激发谱必须有部分重叠；D 和 A 之间的距离必须小于 10 nm。福斯特(Forster)由此推出 $E=R_0^6/(R^6+R_0^6)$。R_0 称为临界距离，定义为能量转移效率为50%时两个生色团之间的距离，对于每个D-A 对，R_0 是常数。R_0 可以根据受体的吸收谱和供体的发射谱、介质的折射系数、供体和受体跃迁电偶极矩的朝向因子、供体在没有受体存在时的量子产率等参数估算出来。根据转移效率和 R_0，即可求出两个生色团之间的距离。

近年来，人们趋于用荧光偏振随时间的衰减来研究生物大分子动力学。在这种方法中，激发光不是一连续的面偏振光，而是一偏振的光脉冲，因此测得的 $F_{//}$ 和 F 是在两个不同方向上偏振的荧光随时间的衰减，它既和荧光寿命 τ 有关，又与分子在溶液中的运动有关，因此常表示为 $F_{//}$ 和 $F_{\perp}$。由它们可得到相当重要的物理量——各向异性参数 γ。注意：与荧光偏振度 P 相比较，各向异性公式中的因子"2"的出现是因为有两种正交取向配置。

$$\gamma=(F_{//}-F_{\perp})/(F_{//}+2F_{\perp})$$

由各向异性参数可推测生物大分子的形状、分子转动弛豫时间(即从一个定向的状态到一个无定向状态所要的时间)，进而可以推知生物大分子的大小、分子在溶液中的转动角度和时间之间的函数关系。由这些结果可以研究分子之间的相互作用、分子间结合的紧密程度、蛋白质、核酸分子的解聚程度等。

　　另外，荧光光谱技术在 DNA 测序、DNA 微阵列、流式细胞分析、免疫荧光分析及细胞膜研究中起到了重要作用，荧光技术在免疫学中也有广泛的应用。荧光光谱技术在生物学中的应用，有助于从更深层次上阐述生命的基本进程和现象，从而大大推动生命科学的发展。

第五章　层析技术

一、层析技术原理

层析法又称色谱法、色层分析法，是 1903 年由俄国科学家茨维特(M. Tswett)研究植物色素分离而首创的一种分离复杂混合物中各种成分的物理化学方法。一百多年来，层析法在实践中得到了广泛的应用。与此同时，层析的基质(matrix)和仪器等也在不断更新；层析法由过去常用的几种发展到今天名目繁杂的很多种商业化产品；层析操作越来越简便、快速和自动化；层析效果越来越灵敏、精确。目前，这种方法已作为纯化或鉴定各种化合物的一种重要手段，是近代生物化学领域中最常用的技术之一。

层析技术分离物质的原理是利用混合物中各组分的物理化学性质的差异，使之通过一个由互不相溶的两相(一个为固定相，另一个为流动相)组成的体系，由于混合物中各组分在此两相之间的分配浓度比例不同，就会以不同的速度移动而互相分离开。组分之间的性质差异可以是溶解度、吸附能力、分子形状和大小、分子极性、分子亲和力和分配系数等方面。固定相可以是固体，也可以是由支持物支持的液体。流动相可以是液体，也可以是气体。例如，吸附层析的固定相是固体，分配层析的固定相是液体，两种层析体系的流动相既可以是液体也可以是气体。

二、层析技术分类

层析技术可根据不同的标准分为若干类型。

1. 根据分离原理分类

(1)吸附层析(adsorption chromatography)：利用被分离混合物不同组分受固定相吸附作用力大小不同而达到分离的目的，固定相和流动相均为液体。

(2)分配层析(partition chromatography)：利用被分离混合物不同组分在两相中分配系数的差别或溶解度不同而达到分离的目的。

(3)离子交换层析(ion exchange chromatography)：固定相为离子交换剂，是利用被分离混合物带电性质与电荷量多少的不同，从而与固定相交换剂上的平衡离子进行不同程度的可逆交换而达到分离的目的。

(4)凝胶层析(gel chromatography)：固定相为多孔凝胶，是利用被分离混合物分子大小的不同，在流动相推动下穿过具有一定孔径大小的凝胶颗粒而达到分离的目的。该层析又称凝胶过滤。

(5)亲和层析(affinity chromatography)：利用被分离混合物中某一生物大分子对固定相具有识别与被识别而特异结合的作用特点，而达到分离的目的。该层析是专门用于分离生物大分子的层析方法。该法依据生物大分子和其他配体(如酶与其抑制剂、抗体与其抗原、激素与其受体)间专一性可逆结合能力，即当欲分离某种生物大分子物质时，可将其配体通过化学反应接到载体上，然后让待分离的混合液通过装填有该载体的层析柱，再改变洗脱条件进行洗脱，将目标物质一次性分离纯化。

2. 根据流动相的不同分类

（1）液相层析（liquid chromatography）：凡用液体作流动相的层析都属于液相层析，如前面所述的层析法。

（2）气相层析（gas chromatography）：凡用气体作流动相的层析都属于气相层析。因所用的固定相不同，该类层析又可分为气固吸附层析和气液分配层析。前者用固体吸附剂作固定相，后者用某种液体作固定相。根据所用的柱管不同，气相层析又可分为填充柱气相层析和毛细管气相层析，前者有普通的不锈钢管或塑料管装柱，后者将固定相涂在毛细管壁上。

3. 根据操作方式分类

（1）纸层析（paper chromatography）：是一种用滤纸作支持物，以纸上吸附的水为固定相的层析方法，属于分配层析。

（2）薄层层析（thin layer chromatography）：是在薄层板上进行的层析，其分离物质的原理因薄层材料而异，可以是分配层析、吸附层析或离子交换层析等。例如，用纤维素粉制作薄层，属于分配层析；而以硅胶制作薄层，则主要是吸附层析。在许多情况下，薄层层析兼有吸附层析和分配层析两种作用。

（3）薄膜层析（thin film chromatography）：是把固定相涂成薄膜而进行的一种层析方法。

（4）柱层析（column chromatography）：是将支持物装在管中成柱形作为固定相，样品在固定相中和流动相一起沿一个方向移动，以达到分离目的。

三、分配系数和迁移率

在层析分离过程中，物质既可进入固定相，又可进入流动相，此过程称为分配过程。无论哪一种层析，在一定条件下，物质在固定相和流动相两相中达到平衡时，它在两相中平均浓度的比值称为分配系数 K。

$$K = \frac{C_s}{C_m}$$

式中　C_s——溶质在固定相中的浓度；

　　　C_m——溶质在流动相中的浓度。

分配系数主要由溶质的分子大小、电荷、相对分子质量等性质决定。此外，还受到溶液的种类和 pH、流动相的极性、层析温度等因素的影响。不同层析类别对应的 K 含义见表 2-5-1 所列。

表 2-5-1　不同层析类别对应的 K 含义

层析类别	吸附层析	分配层析	离子交换层析	亲和层析
K 含义	吸附平衡常数	分配系数	交换常数	亲和常数

因不同组分具有不一样的分配系数，在层析时出现不同的迁移率（mobility），最终会相互分开。在色谱系统中，组分只有在流动相的作用下才能移动，因此某一组分在流动相中的分配占比（即滞留因子，retardation factor，R_f）参数具有重要意义。在平面层析时，R_f

值也称比移值，可用该组分在相同时间内，在固定相内移动的距离与流动相自身移动距离之比值表示，经验公式为：

$$R_f = \frac{样品离开原点的距离}{溶剂前沿距离原点的距离}$$

K 值与 R_f 值的关系为：K 值大，表示溶质在固定相中浓度大，相对迁移率小；K 值小，表示溶质在流动相中浓度大，相对迁移率大。不同物质的分配系数和相对迁移率是不一样的。溶质之间分配系数和相对迁移率的差异程度是影响其层析分离的先决条件，其差异程度越大分离效果越好。

四、主要层析技术

(一)纸层析

纸层析是一种用滤纸作支持物，以滤纸中吸附的水为固定相的分配层析。滤纸的主要成分是纤维素，由于纤维素所含羟基是很强的亲水基团，能吸附水的量较大，故可以把一张滤纸看成由许多理论塔板组成的分馏柱。如果将一定量样品加在滤纸上，当将合适的有机溶剂(如由水饱和的正丁醇)在滤纸上渗透展开时，样品即在水相和有机溶剂相之间反复地进行分配。由于样品中各组分的分配系数不同，各组分随着有机溶剂迁移的速度也不同。分配系数大的组分在滤纸上迁移的速度慢，分配系数小的组分在滤纸上迁移的速度快，最后不同的组分可以完全分离。

纸层析时，可以根据测出的 R_f 值来判断层析分离的各种物质，即把样品与标准品在同一条件下层析，测得各图斑的 R_f 值并进行比较，即可确定该层析物质。

影响 R_f 值的因素有很多，除被分离组分的化学结构、样品和溶剂的 pH、层析温度等外，流动相(展开剂)的极性对分离效果影响很大。展开剂极性大，则极性大的物质有较大 R_f 值、极性小的物质 R_f 值也小，反之亦然。被分离物质的不同，选择的流动相也不同。常用流动相的极性大小依次为：水>甲醇>乙醇>丙酮>正丁醇>乙酸乙酯>氯仿>乙醚>甲苯>苯>四氯化碳>环己烷>石油醚。纸层析时，通常用混合溶剂进行展层，常用的溶剂系统见表 2-5-2 所列。

表 2-5-2　纸层析时常用的溶剂系统

被分离物质	常用溶剂系统($V : V$)
$\alpha-$氨基酸	酚：水(7 : 3)、正丁醇：乙酸：水(4 : 1 : 2)、水饱和的二甲基吡啶(正丁醇、可立啶)
单糖	水饱和的酚
糖醛酸和水溶性维生素	正丁醇：乙酸：水(4 : 1 : 5)
性激素	甲苯：石油醚：乙醇：水(20 : 10 : 3 : 7)

层析时，流动相不应吸取滤纸中的水分，否则改变分配平衡，影响 R_f 值。纸层析法既可定性又可定量。定量方法一般采用剪洗法和直接比色法。剪洗法是将组分在滤纸上显色后，剪下图斑，用适当溶剂洗脱后，用分光光度法定量测定。直接比色法是用层析扫描仪直接在滤纸上测定图斑大小和颜色深度，绘出曲线并计算结果。为了提高分辨率，纸层

析可用两种不同的展开剂进行双向展层，双向纸层析一般把滤纸裁成长方形或方形，一角点样，先用一种溶剂系统展开，吹干后，转向90°，再用第二种溶剂系统进行第二次展开。这样，单向纸层析难以分离的某些物质(R_f值很接近)，通过双向纸层析往往可以获得比较理想的分离效果。

(二)薄层层析

薄层层析是利用玻璃板作为固定相的载体，在板上涂上一层不溶性材料，再把待分析的样品加在薄层的一端，在密闭的容器中，用适当的溶剂展层后达到分离、鉴定的目的。薄层层析因涂布物质的不同，可分成吸附薄层层析、离子交换薄层层析和分配薄层层析。通常说的薄层层析就是指吸附薄层层析。吸附薄层层析的基本原理是：利用被分离混合物不同组分在两相中吸附能力的大小不同而达到分离的目的。R_f值的计算与纸层析基本相似。薄层层析具有设备简单、操作容易、时间短、分离效率高、可用腐蚀性的显色剂并可在高温下显色等优点，和纸层析一样广泛用于氨基酸、肽、核苷酸、糖类、脂类和激素等物质的分离和鉴定。

吸附剂的选择是层析的关键。吸附剂的选择首先考虑其吸附能力(一般用活度来表示)，吸附能力主要受吸附剂含水量的影响，分别以Ⅰ、Ⅱ、Ⅲ、Ⅳ、Ⅴ表示其由强到弱的程度。吸附剂活度强时，能够吸附各种极性基团；吸附剂活度弱时，对各类极性基团的吸附能力都会减弱。一般利用加热烘干的办法，减少吸附剂的水分，从而增强其活度。通常，分离水溶性物质时，因其本身具有较强极性，故吸附剂活度要弱一些；相反，分离脂溶性物质时，吸附剂活度要强一些。

常用吸附剂有硅胶、氧化镁、氧化铝、硅藻土、纤维素等。硅胶为微酸性吸附剂，适合分离酸性和中性物质；氧化铝和氧化镁是微碱性吸附剂，适合分离碱性和中性物质；硅藻土和纤维素为中性吸附剂，适合分离中性物质。无论哪一种薄层层析，其吸附剂颗粒的大小和均匀性，是保证每次实验保持 R_f 值相对恒定的基础，一般使用吸附剂颗粒直径为：无机类0.07~0.1 mm(150~200 目)，有机类0.1~0.2 mm(70~140 目)。颗粒太粗，层析时溶剂推进快，但分离效果差；而颗粒太细，层析时展开太慢，易产生斑点不集中并有拖尾现象。

(三)柱层析

柱层析根据分离物质原理不同，可以分为离子交换层析、凝胶层析、亲和层析三个主要大类。柱层析一般过程包括装柱、平衡、进样、洗脱和样品分部收集、再平衡共五个步骤(图 2-5-1)。柱层析经再平衡后，可以重新上样洗脱。

1. 离子交换层析

离子交换层析是利用离子交换剂对混合物中各种离子结合力(或称静电引力)的不同而达到使其组分分离的方法。它以离子交换剂为固定相(或称支持物)，以具有一定 pH 和离子强度的电解质溶液为流动相(或称洗脱系统)。作为固定相的离子交换剂，根据母体的化学本质不同可以分为以下几类：第一类是在纤维素分子上连接一定的离子交换基团生成的离子交换纤维素，如 DEAE-纤维素(二乙基氨乙基纤维素)、CM-纤维素(羧甲基纤维素)、TEAE-纤维素(三乙基氨乙基纤维素)、GE-纤维素(胍乙基纤维素)等。第二类是以不溶性的人工合成高分子为母体的离子交换树脂。第三类是以葡聚糖凝胶为母体，结合一定的

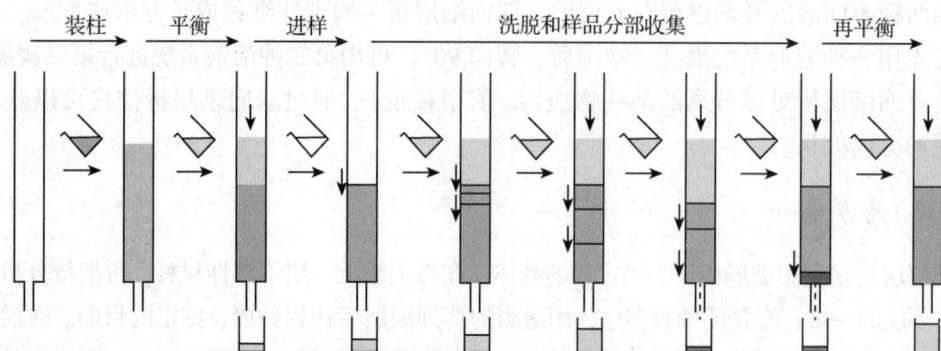

图 2-5-1　柱层析一般过程

离子基团生成的离子交换葡聚糖凝胶，如 DEAE-Sephadex A25/A50、CM-Sephadex C25、SP-Sephadex C25、QAE-Sephadex A25/A50 等。以上各类离子交换剂，还可分为阳离子交换剂和阴离子交换剂。由于引入的酸或碱的强弱不同，两类离子交换剂又分为强酸(碱)型和弱酸(碱)型。离子交换剂的作用原理如下：

阳离子交换剂分子中具有酸性基团，能和流动相中的阳离子进行交换，如：

$$R—SO_3^-H^+ + Na^+ \rightleftharpoons R—SO_3^-Na^+ + H^+$$

阴离子交换剂分子中具有碱性基团，能和流动相中的阴离子进行交换，如：

$$R—N^+(CH_3)_3OH^- + Cl^- \rightleftharpoons R—N^+(CH_3)_3Cl^- + OH^-$$

流动相中，不同离子化合物带电荷多少及与离子交换剂相互作用的强弱不同，当它们被结合到固定相交换基团上以后，可以用提高流动相中离子强度或改变 pH 的办法，将它们从离子交换剂上依次洗脱下来，从而达到分离纯化的目的。在实际工作中，可根据被分离物质所带电荷的种类、分离物分子的大小、数量等选用适当类型的离子交换剂。

离子交换层析操作如下：

(1)选择合适的离子交换树脂：被分离的物质为无机阳离子或有机碱时，选用阳离子交换树脂；若是无机阴离子或有机酸时，选用阴离子交换树脂。交换树脂颗粒大小上，离子交换树脂为 200~400 目，纤维素离子交换剂为 100~325 目。分离用的树脂一般以直径较小为宜，因粒度小，表面积大，分离效率高。但粒度过小，装柱时太紧密，流速慢，需提高洗脱压力。

(2)交换剂的处理：离子交换树脂出厂时为干树脂，使用时需用水或溶液浸透使其充分吸水溶胀，然后减压去气泡。倾去浮在溶液中的小颗粒树脂，再用双蒸水洗至澄清，使用前用所需的 pH 和离子强度的缓冲液平衡。纤维素交换剂使用前处理原则基本同上。离子交换树脂和纤维素交换剂均可再生后反复使用。再生方法为交换树脂使用后，将交换树脂泡入稀酸或稀碱溶液中，一段时间后用双蒸水洗至中性；或用稀酸、稀碱缓缓流过交换柱，然后洗至中性。离子交换纤维素使用后用 2 mol/L 氢氧化钠溶液洗涤，然后用双蒸水洗净碱液，再用缓冲液平衡，供下次实验用。

(3)装柱：一般层析柱选择的原则是柱的高度与直径之比以 10∶1~20∶1 为宜。装柱方法一般采用重力沉降法，其关键是交换剂在柱内必须分布均匀，严防脱节和产生气泡，柱中交换剂表面必须平整。

（4）洗脱：一般是要求所用洗脱液比吸附物质具有更活泼的离子或基团，从而把吸附物质替换出来，利用此原则选择各种洗脱液。若分离的是非单一物质，除正确选择洗脱液外，还可采用控制流速和分段收集的方法获得尽可能单一的物质。对一些复杂组分的分离，可采用浓度梯度洗脱或 pH 梯度洗脱。

2. 凝胶层析

凝胶层析也称排阻凝胶层析、凝胶过滤和分子筛层析。它是 20 世纪 60 年代发展起来的一种层析技术。凝胶层析基本原理是利用被分离物质分子大小的不同及固定相（凝胶）具有分子筛的特点，将被分离物质各成分按分子大小分开，从而达到分离的目的。

凝胶层析的支持物为有一定孔径大小的多孔凝胶，有交联葡聚糖（商品名为 Sephadex）、琼脂糖凝胶（商品名为 Sepharose）和聚丙烯酰胺凝胶（商品名为 Bio-Gel P）等类型。凝胶颗粒具有立体的多孔网状结构，溶胀后成为一种柔软富有弹性、不带电荷、不与溶质相互作用的惰性物质。

葡聚糖凝胶是目前应用最多的，它是由葡萄糖的多聚物与交联剂环氧氯丙烷交联而成的聚合物（图 2-5-2）。聚合物具有主体多糖网状结构，其网孔大小由多聚葡萄糖的分子和环氧氯丙烷的比例（交联度）来控制。交联度越大，网状结构越致密，网孔孔径越小，只有相应的小分子可以通过，适于分离小分子物质；相反，交联度越小，网状结构越疏松，网孔孔径越大，适于分离大分子物质。利用这种性质可分离不同相对分子质量的物质。

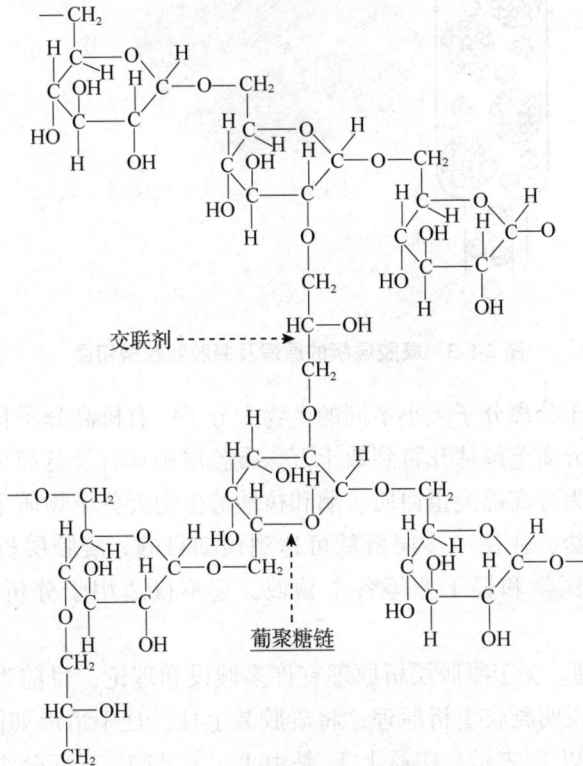

图 2-5-2　葡聚糖凝胶的化学结构

葡聚糖凝胶不溶于水，但能吸水膨胀，其吸水量与交联度成反比，在 Sephadex 后面缀上 G-X 作为交联度的标记。交联度越大的，孔越小，吸水少，X 值小；交联度越小的，孔越大，吸水多，X 值大。实际上 G 后面的数值 X 是其吸水量(毫升水/克干胶)的 10 倍。例如，Sephadex G-50 和 G-100，吸水量分别为 5 mL 水/g 干胶与 10 mL 水/g 干胶。市售有 G-10、G-15、G-50、G-75、G-100、G-150、G-200 等型号。G-75 以上的凝胶因吸水量大，膨胀后形态柔软易变，称为软胶。G-75 以下为硬胶。

凝胶层析的基本分离原理为分子筛效应。由于被分离物质的分子大小(直径)和形状不同，洗脱时，大分子物质由于直径大于凝胶网孔不能进入凝胶内部，只能沿着凝胶颗粒间的孔隙随溶剂向下移动，因此流程短，首先流出层析柱；而小分子物质，由于直径小于凝胶网孔能自由进出胶粒网孔，使之洗脱时流程增长，移动速度慢，而后流出层析柱。因此，可将被分离物质各成分按分子大小分开，达到分离的目的。凝胶层析的原理及凝胶颗粒横切面如图 2-5-3 所示。

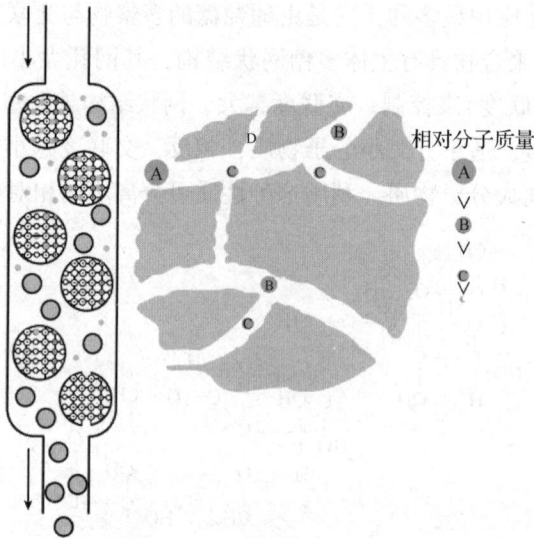

图 2-5-3　凝胶层析的原理及凝胶颗粒横切面

凝胶层析主要用于分离分子大小不同的生物大分子、有机高分子化合物以及测定它们的相对分子质量，其分离范围从几百到数十万。凝胶层析具有设备简单、操作简便、后处理简单等优点，已成为分离提纯蛋白质、酶和核酸等生物大分子物质不可缺少的技术，这种方法用于蛋白质脱盐，往往一步层析就可达到预期目的。凝胶层析的应用已经遍及化学、化工、生物学、医学和轻工业等各个领域，它不仅适用于分析也适用于大规模的制备。

(1)凝胶层析原理：关于凝胶层析原理有许多假设和理论，目前为人们所普遍接受的是分子筛效应。为了说明凝胶层析原理，将凝胶装上柱，柱中情形如图 2-5-4 所示。柱床体积称为"总体积"，以 V_t 表示。实质上 V_t 是由 V_o、V_i 与 V_g 三部分组成，即 $V_t = V_i + V_g + V_o$。V_o 称为孔隙体积或外体积，又称外水体积，即存在于柱床内凝胶颗粒之间空隙的水相体积；V_i 为内体积，又称内水体积，即凝胶颗粒内部所含水相的体积，它可从干凝胶颗粒

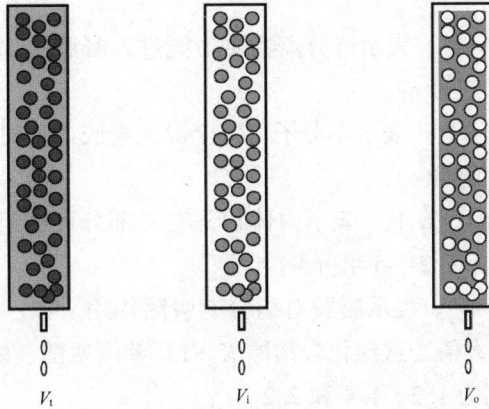

图 2-5-4 凝胶柱床中 V_t，V_i 和 V_o 示意（灰色表示部分）

的质量和吸水后的质量求得；V_g 为凝胶本身的体积。

自加入样品时算起，到组分最大浓度(峰)出现时所流出的洗脱液的体积称为该组分的洗脱体积(V_e)。V_e 与 V_o 及 V_i 之间存在如下关系：

$$V_e = V_o + K_d V_i$$

式中　K_d——样品组分在两相间的分配系数，也可以说 K_d 是溶质在凝胶内部和外部的分配系数。

K_d 只与被分离物质分子的大小和凝胶颗粒孔隙的大小有关，而与柱的长短粗细无关，也就是说它对每一物质而言为常数，与柱的物理条件无关。上式可改写成：

$$K_d = \frac{V_e - V_o}{V_i}$$

这里，K_d 可通过实验求得，而 V_e 和 V_o 可测定出来。V_o 可由 $g \times W_R$ 求得(g 为干凝胶重，单位为 g；W_R 为凝胶的吸水量，单位为 mL/g)；也可以用含有不被凝胶滞留的大分子物质的溶液(最好有颜色以便于观察)，如血红蛋白、印度黑墨水或相对分子质量约 200×10^4 的蓝色葡聚糖-2000 等，通过实际测量洗脱用量求出。因此，得知某一物质的洗脱体积 V_e 就可算出它的 K 值。以上关系可用图 2-5-5 表示。

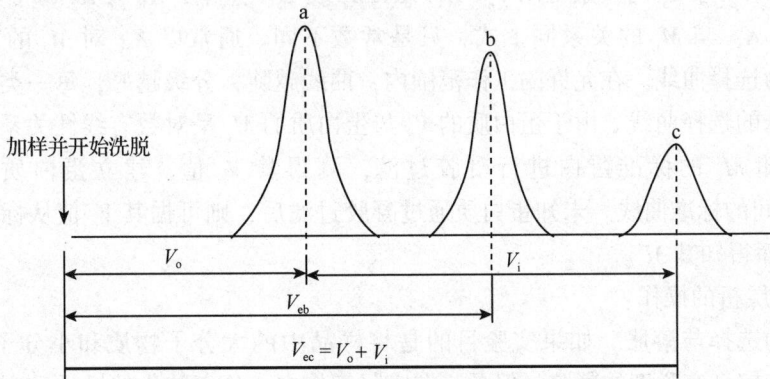

图 2-5-5 凝胶层析柱洗脱体积的三种情况

V_{eb}、V_{ec} 分别代表组分 b 和 c 的洗脱体积

K_d 存在如下取值范围:

①当 $K_d=0$ 时,则 $V_e=V_o$。表示待分离物质不能进入凝胶内部,被完全排阻,洗脱体积等于空隙体积(图 2-5-5 组分 a)。

②当 $K_d=1$ 时,$V_e=V_o+V_i$。表示小分子可完全渗入凝胶内部时,洗脱体积应为空隙体积与内体积之和(图 2-5-5 组分 c)。

③当 $0<K_d<1$ 时,$V_e=V_o+K_dV_i$。表示内体积只有一部分可被组分利用,扩散渗入,V_e 即在 V_o 与 V_o+V_i 之间变化(图 2-5-5 组分 b)。

④当 $K_d>1$ 时,$V_e>V_o+V_i$。表示凝胶对组分有吸附作用。如一些芳香族化合物的洗脱体积远超出理论计算的最大值,这些化合物的 $K_d>1$。苯丙氨酸、酪氨酸和色氨酸在 Sephadex G-25 中的 K_d 值分别为 1.2、1.4 和 2.2。

可以看出,对某一凝胶介质,两种全排出的分子(即 K_d 都等于 0 时),虽然分子大小有差别,但不能有分离效果。同样,两种分子如果都能进入内部空隙(即 K_d 都等于 1),它们即使分子大小有不同,也没有分离效果。因此,不同型号的凝胶介质有它一定的使用范围。但实际工作中,对小分子物质也得不到 $K_d=1$ 的数值,特别是交联度大的凝胶。这是由于一部分水相与凝胶结合较牢固,成为凝胶本身的一部分,小分子不能扩散入内所致。此时,V_i 即不能以 $g \times W_R$ 计算,因此也常有直接用小分子物质 D_2O、NaCl 等通过凝胶柱而由实验计算出 V_i 值的。另一个解决的办法是不使用 V_i 与 K_d,而用 K_{av}(有效分配系数)代替 K_d,其定义如下:

已知 $K_d=\dfrac{V_e-V_o}{V_i}$,V_t-V_o 代替 V_i,则

$$K_{av}=\frac{V_e-V_o}{V_t-V_o}$$

即

$$V_e=V_o+K_{av}(V_t-V_o)$$

这在实际上将原来以水作为固定相(V_i)改为水与凝胶颗粒(V_t-V_o)作为固定相,而洗脱剂(V_e-V_o)作为流动相。K_{av} 和 K_d 之间当交联度小时差别较小,而当交联度大时差别大。

V_e、K_{av} 与相对分子质量的关系:对同一类型的化合物,洗脱特性与其相对分子质量(M_r)有关。V_e 与 M_r 的关系可用 $V_e=K_1-K_2\lg M_r$ 表示。这里,K_1 与 K_2 为常数,M_r 为相对分子质量。K_{av} 与 M_r 的关系同上式,只是常数不同。通常以 K_{av} 对 M_r 的对数作图得一曲线,称为选择曲线。在允许的工作范围内,曲线越陡,分级越好,每一类型的化合物都有自己特殊的选择曲线。由于蛋白质的 V_e 与蛋白质的 M_r 呈对数有线性关系,因此可利用一系列已知 M_r 的标准蛋白进行凝胶过滤,测得其 V_e 值,建立蛋白质 M_r 的对数($\lg M_r$)与 V_e 间的标准曲线。未知蛋白质通过凝胶过滤后,则可据其 V_e 值从标准曲线上查得其 $\lg M_r$ 从而得知其 M_r。

(2)凝胶层析的操作:

①凝胶的选择与溶胀。如果实验目的是将样品中的大分子物质和小分子物质分开,一般选用具有较高交联度的凝胶。但是,在实际工作中,分离纯化的样品千变万化,并无一定准则。如果遇到样品内组分很多的时候,选择既有全排阻又有全进孔的凝胶是较理想的。有时候并不知道样品的相对分子质量范围,只能试用某种交联度的凝胶。如果样品洗

脱峰集中在 K_d 小的地方，应改用交联度小的凝胶；集中在 K_d 大的地方，可在进一步实验中改用交联度大的凝胶。对于相对分子质量较小的生物大分子，一般采用交联葡聚糖或聚丙烯酰胺凝胶，以前者应用更为普遍。对于大分子物质，大多采用琼脂糖。对于处在中间范围的分子，则几种凝胶都可采用。凝胶颗粒的粗细与分离效果也有直接关系，颗粒细的分离效果好，但流速慢，费时间；而粗颗粒的因流速过快会使区带扩散，洗脱峰变平拉宽。商品凝胶中，很多颗粒是不均匀的，为了满足需要，通常使用气流浮选法或水力浮选法除去影响流速的过细颗粒。后者是一种自然沉降法，即将凝胶悬浮于大体积的水中，让其自然沉降，一定时间之后，用倾泻法除去悬浮的过细颗粒，如此反复几次。

葡聚糖凝胶是以干粉形式保存，因此使用前必须将干凝胶充分溶胀后才能使用。综合考虑层析柱的体积和凝胶的膨胀系数，计算所需凝胶干粉的量。将称好的干粉倾入过量的洗脱液或双蒸水中，放置于室温，并辅以搅拌（严禁剧烈搅拌，以防碎裂），使之充分吸水溶胀。浸泡时间根据凝胶交联度不同来确定，为了缩短时间，可在 100℃ 恒温水浴箱中加热溶胀，这样可将时间缩至几小时，还可杀死细菌和霉菌，排除凝胶内部包藏着的气泡。

②层析柱的选择。层析柱必须粗细均匀，底部要有多孔的聚乙烯膜或带烧结玻璃砂板（粗孔的则要在其上铺一层滤纸或尼龙滤布）。一般柱直径（内径）为 1 cm，如果样品量比较多，最好用直径为 2~3 cm 的柱。但要注意直径太小会发生"管壁效应"，即在柱管中心部分组分移动较慢，而在管壁周围移动较快，因而影响分离效果。一般来说，柱越长分离效果越好，但柱过长，实验时间长而且样品稀释度大，易扩散，反而分离效果不好。一般用于脱盐时，柱高度以 50 cm 比较合适；在进行分级分离时，柱高度 100 cm 高度即可。

③装柱及平衡。在装柱前，先加适量溶剂到层析柱内排走柱底部空气，并调节柱内液体高度为整个柱高的 1/4~1/3，然后将浸泡好的凝胶搅匀，随即将此悬浮液连续倾入柱中，待其自然沉降同时打开柱下端出口，让溶剂慢慢流出，使柱上凝胶徐徐下降至需要的高度。柱装好后凝胶表面要平整，并确保液面在任何时候都不要使液面低于凝胶表面。装好的层析柱应立即与洗脱剂连接，调节流速，再通过 2~3 倍柱床体积的洗脱液使柱床稳定（即平衡）。一般平衡后胶面会有少许降低。好的柱床应以均匀、松紧一致和没有气泡为标准。检验均一性可用带色的高分子物质如蓝色葡聚糖-2000（又称蓝色右旋糖酐，商品名为 Blue Dextran-2000）、红色葡聚糖或细胞色素 c 等配成 2 g/L 的溶液过柱，看色带是否均匀下降；或将柱管朝光照方向用眼睛观察，看是否均匀、有没有"纹路"或气泡。若层析柱床不均一，必须重新装柱。凝胶层析一次装柱之后可以反复使用，但在使用过程中，凝胶颗粒会逐渐压紧导致流速逐渐减慢，延长层析时间，因此需要将凝胶倒出重新装填。

④加样及洗脱。被分离样品溶液一般以浓度大、体积小些为好，但浓度大时，溶液的黏度也随之变大，影响分离效果，所以要考虑浓度与黏度两方面因素。分析用量一般为 1~2 mL/100 mL 床体积，制备用量一般为 20~30 mL/100 mL 床体积。上柱前要确保凝胶面的平整（如果不平，可用细玻璃棒轻轻搅动或胶头滴管吹散表面，使凝胶重新自然沉降至表面平整），并把柱床表面过多洗脱液吸去至 2 cm 左右，然后将柱的下出口打开，使洗脱液降至刚好与柱床表面相平，并立即关闭出口。用滴管轻轻地把待分离样品溶液沿内壁均匀地加到固定相表面，尽量避免冲动凝胶表面。打开柱下端出口，再次使样品液面降至

刚好与柱床表面相平。然后用滴管加入洗脱剂至固定相表面一定高度(5 cm),并将柱上端与洗脱液连接,用蠕动泵控制流速,进行洗脱。洗脱用的液体应与浸泡凝胶、平衡凝胶所用的液体相同,否则由于更换溶剂,凝胶体积会发生变化而影响分离效果。洗脱用的液体有双蒸水(多用于分离不带电荷的中性物质)及电解质溶液(多用于分离带电基团的样品),如酸、碱、盐的溶液及缓冲液等。对于吸附较强的组分,也有使用水与有机溶剂的混合液为洗脱剂的,如水-甲醇,水-乙醇,水-丙酮等,可以降低吸附,将组分洗下。

在加样的同时,柱下端流出的液体可用检测器检测并用收集器收集。流速与洗脱液加在柱上的压力(因液面差造成)有关。流速也受颗粒大小的影响,颗粒大时流速快,分离效果不好;颗粒小流速较慢时,分离情况较好。在操作时应根据实际需要,在不影响分离效果的情况下,尽可能使流速不致太慢,以免时间过长。

⑤凝胶的洗涤和保存。虽然葡聚糖凝胶对分离物质基本上无吸附作用,可以连续使用,但受操作限制,不能保证每次层析后样品全部被洗脱出来;且多次使用后,柱床沉积压紧,流速减慢,因此需要清洗后重新装柱使用。由于葡聚糖凝胶为糖类化合物,并且浸泡在液体里,所以要注意防止发霉。一般可用 0.02% 叠氮钠(NaN$_3$)溶液或 0.002% 洗必泰溶液处理;在弱酸性溶液中可用 0.05%(或 0.01%~0.02%)三氯丁醇溶液,但它在强碱性溶液或加热到 60℃ 以上时就会分解;在弱碱性溶液中也可用 0.01% 乙酸汞溶液防腐消毒。一般不用氯仿、丁醇、甲苯等作为防腐剂,因为它们能引起凝胶颗粒的收缩,同时还能进入层析仪器的塑料部件,使塑料变软,造成不良后果。

凝胶用完后可用三种方法保存。第一种,膨胀状态,即在水相中保存,可加入上述防腐剂,或加热灭菌后于低温保存;第二种,半收缩状态,用完后用水洗净,然后用 60%~70% 乙醇洗,则凝胶体积缩小,于低温保存;第三种,干燥状态,用水洗净后,加入含乙醇的水洗,并逐渐加大含醇量,最后用 95% 乙醇洗,则凝胶脱水收缩,再用乙醚洗去乙醇,抽滤至干,于 60~80℃ 干燥后保存。长时间不用时最好以干燥状态保存。

(3)影响凝胶层析的主要因素:

①柱长影响。层析柱是凝胶层析中的主要部件,柱的长短、粗细对层析效果都会产生直接的影响。在实际工作中,常通过系统实验来选择规格合适的层析柱。为了满足高分辨率的需要,通常采用 L/D(长度/直径)比值高的柱子。但必须指出,增高柱长虽然能提高分辨率,但会影响流速和增加样品的稀释度。同样高度的层析柱,由于管壁效应的影响,直径大些的分辨率高。在分析工作中,由于样品量少的限制,可采用直径较小的柱子。在制备工作中,可采用较大直径的层析柱以增加容量,这不会明显影响分辨率。L/D 比值的选择与凝胶的性质也有关系。交联度小的凝胶层析柱不宜细而长,否则从装柱开始,在操作上就有一系列困难。

②样品体积影响。分析工作一般所用样品体积为柱床体积的 1%~4%。制备分离时,一般样品体积可达柱床体积的 25%~30%,这样,样品的稀释程度小,柱床体积的利用率高。样品的上柱体积,习惯上根据相邻两种物质洗脱体积之差(V_{sep})来确定:

$$V_{sep} = V_{e1} - V_{e2}$$

式中 V_{e1} 和 V_{e2}——两种相邻不同物质的洗脱体积。

当样品体积大于或等于分离体积时,两个相邻的组分不能完全分离。只有当样品体积适当小于分离体积时，两个相邻组分才能得到有效分离。

③操作压影响。在层析中，流速是影响分离效果的重要因素之一，所以洗脱时应维持流速恒定。流速又与洗脱液加在柱上的压力有密切关系，因此，恒定的操作压是恒流的先决条件。机械强度高的凝胶，如 G-50 以下的葡聚糖凝胶，对操作压不甚敏感，因此流速和操作压基本上成正比关系。机械强度低的凝胶，如 G-75 以上的葡聚糖凝胶，层析柱床受操作压的影响极为明显。增加压力虽能短暂地提高流速，但随时间的延长，因凝胶被压紧而使流速降低，严重时会使层析柱床堵塞。

3. 亲和层析

亲和层析又称功能层析或生物专一性吸附，是以能与生物高分子进行特异结合的配基作为固定相，对混合物中某一生物高分子进行一次性分离纯化的层析技术。亲和层析要在一种特制的、具有专一吸附能力的吸附剂上进行。由于亲和层析中使用的亲和吸附剂亲和力大、专一性强，因此，只要通过较简单的操作步骤，不但可以实现较好的分离和纯化效果，而且一般不会损害待分离物质的生物活性。亲和层析技术的最大优点是该技术可直接从粗提取液中一步纯化目标物质，另外，该技术操作方便、特异性强、分离速度快、所需条件温和；缺点是吸附剂的通用性差，每分离一种物质均需重制备专用吸附剂。此外，由于洗脱条件苛刻，需要很好地控制洗脱条件，防止被分离的生物活性物质失活。

（1）亲和层析基本原理：生物高分子具有能与其结构相对应的专一分子进行可逆性结合的特性，如酶与底物、产物、辅酶、抑制剂和变构调节剂结合，激素与受体结合，抗原与相应的抗体结合，RNA 与互补的 DNA 结合等。将被识别的分子（称为配基）用共价健结合在一种固相的载体上形成层析的固定相，然后使含有目标物质的混合液流过固定相，对配基没有亲和力的成分，均顺利通过固定相而不滞留，而待分离的大分子因能识别配基并与其结合，滞留于固定相上。待所有其他不被识别的成分流走后，改变洗脱条件，再把亲和于固定相上的大分子物质洗脱下来，得到高纯靶物质。亲和层析原理如图 2-5-6 所示。

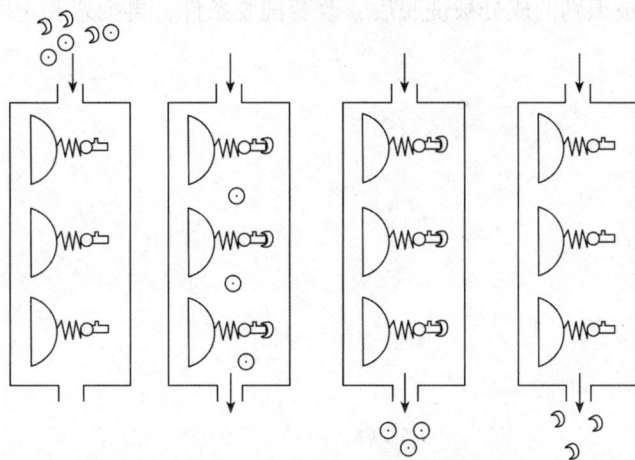

图 2-5-6 亲和层析原理

（2）配基的选择：正确配基的选择是亲和层析成败的关键，生物大分子的配基必须具备下列条件：①在一定的条件下，能和待分离的生物大分子专一性结合，并且亲和力越大越好；②配基和生物大分子结合后，在一定的条件下又能解离，并且对生物大分子的活性没有影响；③配基上必须含有适当的化学基团与载体偶联，且偶联反应尽可能简便、温和，避免损害配基和生物大分子结合的专一性。实际工作中，到底选择何种配基，这要根据分离对象和实验的具体情况方可确定。

（3）载体的选择：由于载体要固定化配基并提供靶物质特异性结合的空间环境，因此载体的性质与亲和层析的效果有密切的关系。理想的载体必须符合以下条件：①具有足够数量的功能基团，或容易引入较多的化学活性基团，以与配基进行共价连接；②载体必须有较好的理化稳定性和生物惰性，尽量减少非专一性吸附，对环境变化的耐受程度高，不易被酶和微生物破坏，便于使用和保存；③载体具有高度的水不溶性和亲水性，该特性可保证被吸附生物分子的稳定性，有助于亲和吸附平衡的建立，并减少因疏水力造成的非特异性吸附；④载体应具有多孔的立体网状结构，使被亲和吸附的大分子自由通过，大分子保持自由流动，有利于配基与大分子发生相互作用；⑤亲和层析载体外观上应为大小均匀的刚性小球。这样的小球能保持层析柱中良好的流速，极大地促进扩散速率低的生物大分子达到扩散平衡。常用载体有纤维素、琼脂糖凝胶、葡聚糖凝胶、聚丙烯酰胺凝胶和多孔玻璃珠等，近年来利用纳米或微米磁性载体为载体，建立的亲和吸附也得到广泛应用。

（4）合适的吸附和洗脱条件：所用缓冲液的组成、pH 和离子强度应最有利于靶物质与配基的特异性结合，洗脱液应利于靶物质的快速洗脱。

（5）亲和层析的操作：一般采用柱层析的操作，其方法和步骤与一般柱层析类似。层析柱装好后要选用合适的缓冲液平衡柱子；样品上柱之前最好先用上述缓冲液充分透析平衡，以免样品溶液上柱后使柱床的 pH 改变；上样要在较低的温度（通常 4℃）下进行，流速要尽可能慢，以有利于亲和复合物的形成。样品上柱以后，用平衡柱床的缓冲液充分洗涤柱床，除去不被吸附的杂蛋白。由于这些杂蛋白在层析图谱上形成第一个蛋白质峰，通常称为穿过峰。还可以用适当的其他缓冲液继续洗涤，以除去其他非专一性吸附的杂蛋白。待所有其他不被识别的成分被洗脱后，改变洗脱条件，再把亲和于固定相上的大分子物质洗脱分离出来。

第六章　电泳技术

带电颗粒在电场的作用下，向着与其电性相反的电极移动，称为电泳（electrophoresis）。利用这一特性来分离、纯化、鉴定和分析带电粒子的技术称为电泳技术。早在1808 年俄国物理学家 Riesy 就发现了电泳，但是作为一项科学研究的方法学，却是在1937 年 Tiselius 改进了电泳设备并建立移动界面电泳法（moving-boundary electrophoresis）以后，Tiselius 因此获得 1948 年诺贝尔化学奖。此后，电泳技术的重心转向电泳仪的改进和寻找合适的电泳支持介质。滤纸、醋酸纤维薄膜、淀粉、琼脂糖及聚丙烯酰胺凝胶先后被用来作为支持物。聚丙烯酰胺凝胶电泳是 S. Raymond 和 L. Weinfraub 于 1959 年建立的，后来在此基础上先后建立发展了不连续聚丙烯酰胺凝胶电泳、SDS-聚丙烯酰胺凝胶电泳、等电聚焦电泳、双向电泳和印迹转移电泳等技术，并于 20 世纪 80 年代建立了毛细管电泳技术。随着方法技术的不断创新，电泳技术的应用越来越广泛，不仅用于生物分子的分离鉴定，而且用于生物大分子（如蛋白质和核酸）结构和功能的研究。电泳技术已成为生命科学不可缺少的研究手段之一。电泳方法按原理可分为四类：区带电泳、移界电泳、等速电泳和等电聚焦。根据电泳是在溶液中进行还是在固体支持物上进行，又可以分为自由界面电泳和支持物电泳两大类。

一、电泳基本原理

某一质点，如果由于其本身的解离作用或表面吸附作用而带上一定电荷，在电场中便会向某一电极移动。如果一混合样品中各组分所带电荷性质、电荷数量、形状及相对分子质量不同，在同一电场中泳动的方向和速度也各异，最终因移动方向和距离不同而相互分开。带电颗粒在电场中的泳动速度用迁移率来表示，其含义是带电颗粒在单位电场强度下的泳动速度。

对于一球形带电质点，在电场中受到的电场力 F 和阻力 F' 分别为：

$$F = QE$$

式中　Q——净电荷量；

　　　E——电场强度。

$$F' = 6\pi r\eta v$$

式中　r——粒子半径；

　　　η——介质黏度；

　　　v——泳动速度。

当电场力与阻力相等，即粒子恒速运动时：

$$QE = 6\pi r\eta v$$

$$v = \frac{QE}{6\pi r\eta}$$

以上公式表明带电粒子在电场中的泳动速度与其净电荷量和电场强度成正比，与介质的黏度和其半径成反比。为便于比较，常用迁移率(或称泳动度，mobility)代替泳动速度来表示粒子的泳动情况，即

$$m = \frac{v}{E} = \frac{d/t}{V/L} = \frac{dL}{Vt}$$

式中　　m——粒子的迁移率($cm^2/V \cdot s$)；

　　　　d——粒子的泳动距离(cm)；

　　　　L——固相支持物的有效长度(cm)；

　　　　V——支持物两端的实际电压(V)；

　　　　t——通电时间(s)。

因此，通过 d、L、V、t 便可计算出颗粒的迁移率。粒子的迁移率除受粒子本身性质的影响外，还与电场强度和介质溶液的黏度(η)有关。可见，凡是能影响粒子解离度的因素(如 pH)、影响溶液黏度的因素(如温度)等都会对迁移率产生影响。

二、影响电泳的主要因素

1. 样品的性质

迁移率与颗粒净电荷正相关，较高的净电荷有利于电泳分离。样品的形状会影响其所受的摩擦力大小，半径越小，越接近球形，颗粒泳动速度越快。

2. 溶液的 pH

溶液的 pH 决定带电粒子解离的程度，进而决定其净电荷多少。对两性电解质而言，pH 离等电点越远，则粒子所带净电荷越多，迁移率越快。因此，当分离某一蛋白质混合物时，应选择一个合适的 pH，使被分离的各蛋白质组分所带的电荷量有较大差异，利于彼此分离。

3. 电场强度

电场强度也称电位梯度或电势梯度，是指每厘米的电位落差。电场强度越高，则带电粒子泳动越快，因此，电场强度对有效迁移率起着决定性作用。根据电场强度的大小，电泳可分为常压(100~500 V)电泳和高压(2 000~10 000 V)电泳，前者电场强度一般为 2~10 V/cm(如琼脂糖凝胶电泳一般在 9 V/cm 左右，聚丙烯酰胺凝胶电泳则更高些)，电泳所需时间较长，从数小时到数天；后者电场强度为 150~200 V/cm，电泳所需时间较短，有时仅需数分钟。常压电泳多用于分离蛋白质等大分子物质，高压电泳则多用来分离氨基酸、多肽、核苷酸和糖类等小分子物质。电压增加后电流也相应增大，易产热过多使生物活性物质变性，因此高压电泳仪必须有冷却措施。

4. 溶液的离子强度

离子强度影响粒子的电动电势，缓冲溶液的离子强度过大，溶液中的离子会分担大部分电流，而使被分离的离子迁移速度变慢。一般最适的离子强度在 0.02~0.2。溶液离子强度的计算式如下：

$$I = \frac{1}{2} \sum_{n=1}^{s} cZ^2$$

式中　I——溶液的离子强度；

　　　c——离子的摩尔浓度（mol/L）；

　　　s——同种离子的个数；

　　　Z——离子的价数。

5. 电泳载体

电泳载体对提高电泳分离的分辨率影响很大。良好的载体并不多见，一般选用惰性材料作为载体。良好的载体应满足以下几个条件：

（1）具有多孔立体结构：载体本身为多孔立体网状空间结构，具有一定的孔径大小。当两个颗粒运动速度相同但相对分子质量不同时，可以借助载体的分子筛效应将二者分离。颗粒越大，在载体中穿梭时受到的阻力越大，运动速度越慢；反之越快。而大多数载体的网孔大小是可以进行调节的，以适应不同相对分子质量大小颗粒分离的需要。

（2）对样品不产生吸附作用：载体对样品因吸附导致的滞留作用较大，会造成拖尾现象，因而样品移动后不能形成一条清晰的条带，降低分辨率。

（3）载体不带可解离的基团：由于支持物吸附溶液中的某种离子使溶液带相反电荷，在电场作用下，溶液就相对于载体移动，称为电渗。由于电渗与电泳同时存在，就会影响颗粒移动。如果电泳方向和电渗方向相反，则带电颗粒泳动的距离等于电泳移动距离减去电渗距离；如果电泳方向和电渗方向一致，其蛋白质移动距离等于二者相加。为了校正这一误差，可用一中性物质如糊精、蔗糖或葡聚糖等与样品平行进行纸上电泳，然后将其移动距离对比实验结果进行校正。聚丙烯酰胺凝胶由于酰胺侧链是碳–碳聚合物，没有或很少带有离子，因而电渗现象显著小于滤纸、醋酸纤维薄膜等，是最佳的支持物。

6. 温度

电泳过程中由于通电产热，使介质黏度下降，分子运动加剧，引起自由扩散变快，有效迁移率增加。据此，若温度每升高 1℃，则有效迁移率约增加 2.4%。为降低热效应对电泳的影响，可控制电压电流，也可在电泳系统中安装冷却装置。

三、几种常见的电泳方法

（一）聚丙烯酰胺凝胶电泳

聚丙烯酰胺凝胶电泳是以聚丙烯酰胺凝胶（polyacrylamide gel，PAG）作为支持物的一种电泳方法。PAG 是人工合成的非离子型高聚物，通过调节单体（acrylamide，丙烯酰胺，简称 Acr）和交联剂（N, N'-methylene-bis-acrylamide，亚甲基双丙烯酰胺，简称 Bis）的浓度及比例，可以制备不同孔径的凝胶。该凝胶机械强度好，有弹性且透明，化学性质稳定，对很多溶剂不溶，没有吸附和电渗作用。用 PAG 作电泳支持物，凝胶制备的重复性好，设备简单，所需样品少（1.0~100.0 μg），分辨率较高。用此方法进行超微量分析时，可检出含量在 $1×10^{-9}$ mol/L 左右的样品。PAG 应用范围很广，可用于蛋白质、酶、核酸等的定性、定量检测和少量制备，还适合于生物分子相对分子质量、等电点的测定及其他特性研究等。

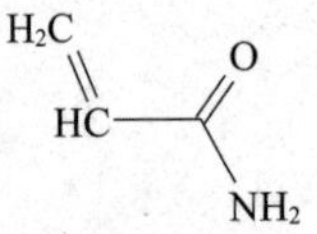

丙烯酰胺 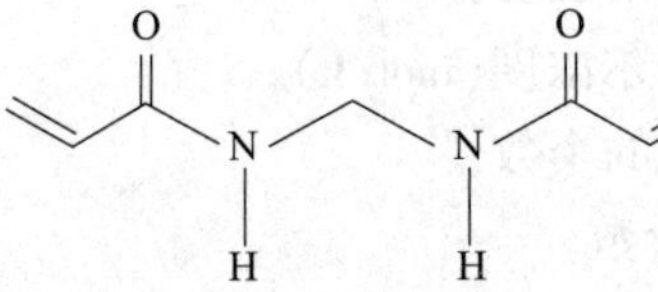　　　　　　　　　亚甲基双丙烯酰胺

1. 烯酰胺凝胶的制备

(1) 催化系统的选择：PAG 的制备有两种催化系统。第一种为化学聚合，催化剂常采用过硫酸铵 (ammonium persulfate，AP) 或过硫酸钾 (potassium persulfate，KP)，还需要脂肪族叔胺 (N, N, N′, N′–四甲基乙二胺，简称 TEMED) 等作为加速剂。在叔胺的催化下，过硫酸铵形成氧自由基，攻击单体双键成自由基，从而引发聚合反应。某些因素 (如低 pH、氧气、部分金属、低温等) 可显著降低聚合速度。第二种为光聚合，通常用核黄素为催化剂，用日光灯或普通钨丝灯泡作光源，核黄素经光解形成无色基团，后者被再氧化形成自由基，引发聚合作用。光聚合需要有痕量氧存在，但过量的氧会阻止链长的增加。

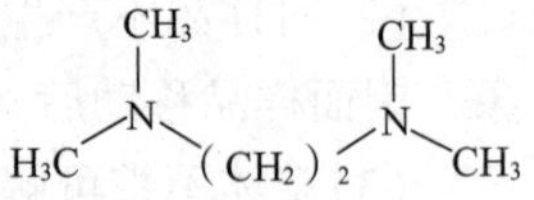

TEMED

两种聚合方法各有优缺点。化学聚合的凝胶孔径比光聚合的小，而且重复性和透明度也比光聚合的好，但过硫酸铵是强氧化剂，在凝胶中残存过多会使蛋白质丧失活性或产生不正常电泳图谱。可通过预电泳的办法来除去过硫酸铵。而光聚合的优点是核黄素用量很低 (1.0 mg/100 mL)，对分析样品无任何不良影响，通过光照时间和强度可以自由控制聚合时间；缺点是形成的凝胶孔径较大，而且随时间延长会逐渐变小，不太稳定，所以用它制备大孔凝胶 (浓缩胶) 较适合。通常控制这些因素使聚合在 1 h 内完成，以便得到性质稳定的凝胶。

(2) 聚合反应：以化学催化系统为例，其聚合反应如下所示。

① TEMED 催化 AP 生成硫酸自由基：

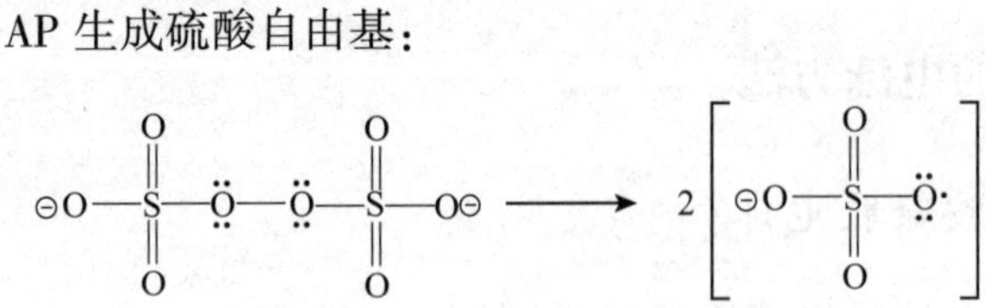

② 硫酸自由基的氧原子激活 Acr 单体并形成单体长链：

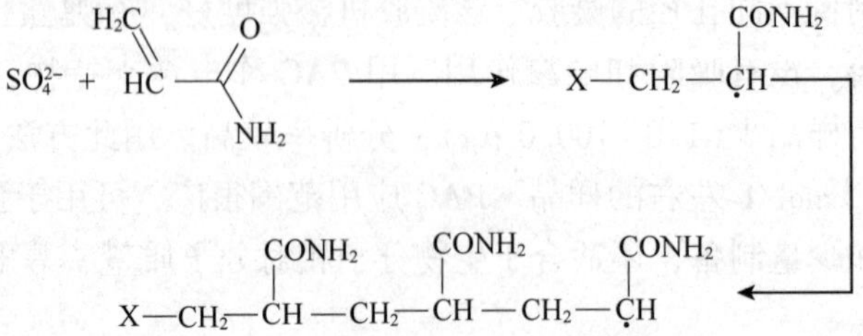

③Bis 将单体长链彼此之间连接成三维网状结构：

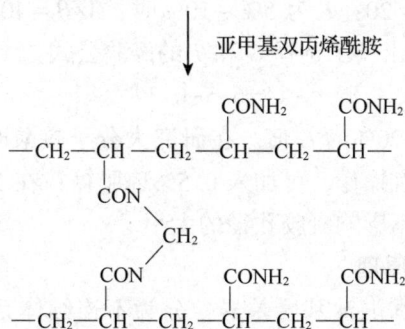

亚甲基双丙烯酰胺

↓

$$-CH_2-CH-CH_2-\overset{\underset{|}{CON}}{CH}-CH_2-\overset{\underset{|}{CONH_2}}{CH}\qquad \overset{\underset{|}{CONH_2}}{CH}$$

$$\overset{|}{CH_2}$$

$$-CH_2-CH-CH_2-\overset{\underset{|}{CON}}{CH}-CH_2-\overset{\underset{|}{CONH_2}}{CH}\qquad \overset{\underset{|}{CONH_2}}{CH}$$

（3）凝胶浓度的选择：由于凝胶浓度不同，平均孔径不同，能通过的粒子的相对分子质量也不同。蛋白质分离时多选用 7.5% 的凝胶（标准胶），因为生物体内大多数蛋白质在此范围内电泳均可取得较满意的结果。分离物相对分子质量与凝胶浓度关系见表 2-6-1 所列。

表 2-6-1　蛋白质、核酸相对分子质量和凝胶浓度的关系

项目	相对分子质量范围	适用的凝胶浓度/%
蛋白质	$<1\times10^4$	20~30
	$1\times10^4\sim4\times10^4$	15~20
	$4\times10^4\sim1\times10^5$	10~15
	$1\times10^5\sim5\times10^5$	5~10
	$>5\times10^5$	2~5
核酸（RNA）	$<1\times10^4$	15~20
	$1\times10^4\sim1\times10^5$	5~10
	$1\times10^5\sim2\times10^6$	2~2.6

聚丙烯酰胺凝胶的孔径大小取决于凝胶的浓度（T）和交联度（C）。凝胶浓度（T）的计算公式如下：

$$T(\%)=\frac{A+B}{W}\times100$$

式中　A——Acr 的质量（g）；

　　　B——交联剂 Bis 的质量（g）；

　　　W——溶液的体积（mL）。

交联度 C 可按下式计算：

$$C(\%)=\frac{B}{A+B}\times100$$

一般情况下，凝胶的浓度大或交联度大，蛋白质迁移的速度慢，电泳时间长；反之，迁移速度快，电泳时间短。通常凝胶的筛孔、透明度和弹性是随着凝胶浓度的增加而降低，而机械强度却随着凝胶浓度的增加而增加。A 与 B 的比值对凝胶的筛孔、透明度和机械强度等性质也有明显影响。$A/B>100$ 时，5% 的凝胶呈糊状，且易断裂。要制备完全透明而又有弹性的凝胶，应将 A/B 控制在 30 左右。不同浓度的单体对凝胶性能影响很大，

当 Acr<2%、Bis<0.5%时，凝胶不能聚合。当增加 Acr 的浓度时，要适当降低 Bis 的浓度。通常 T 为 2%~5%时，$A/B=20$；T 为 5%~10%时，$A/B=40$ 左右；T 为 15%~20%时，A/B 为 120~200。Richard 提出一个选择 C 和 T 的经验公式：

$$C=6.5-0.3T$$

此公式适用于 T 为 5%~20%的 C 值。在研究大分子核酸时，经常要用 $T=2.4\%$ 的大孔凝胶，此时凝胶太软，不宜操作，可加入 0.5%琼脂糖；在 $T=3\%$ 时，也可加入 20%蔗糖以增加机械性能，此时并不影响凝胶孔径的大小。

2. 聚丙烯酰胺凝胶电泳原理

聚丙烯酰胺凝胶电泳根据电泳基质差异，分为不连续体系（即凝胶孔径的不连续性、缓冲液离子成分的不连续性、pH 的不连续性及电位梯度的不连续性）和连续体系（一层凝胶、一种 pH 和一种缓冲溶液）两种类型。后者电泳体系中缓冲液 pH 及凝胶浓度相同，带电颗粒在电场作用下，主要靠电荷及分子筛效应分离；前者电泳体系中由于缓冲液离子成分、pH、凝胶浓度及电位梯度的不连续性，带电颗粒在电场中泳动不仅有电荷效应、分子筛效应，还具有浓缩效应，因而其分离条带清晰度及分辨率均较后者更好。

目前，常用的电泳形式包括垂直板电泳及圆盘电泳两种。前者的凝胶是在两块间隔几毫米的平行玻璃板中聚合，故称为板状电泳，如图 2-6-1 所示。后者的凝胶是在圆筒状玻璃管中聚合，样品分离区带经染色后呈圆盘状，因而称为圆盘电泳，两种电泳原理完全相同。

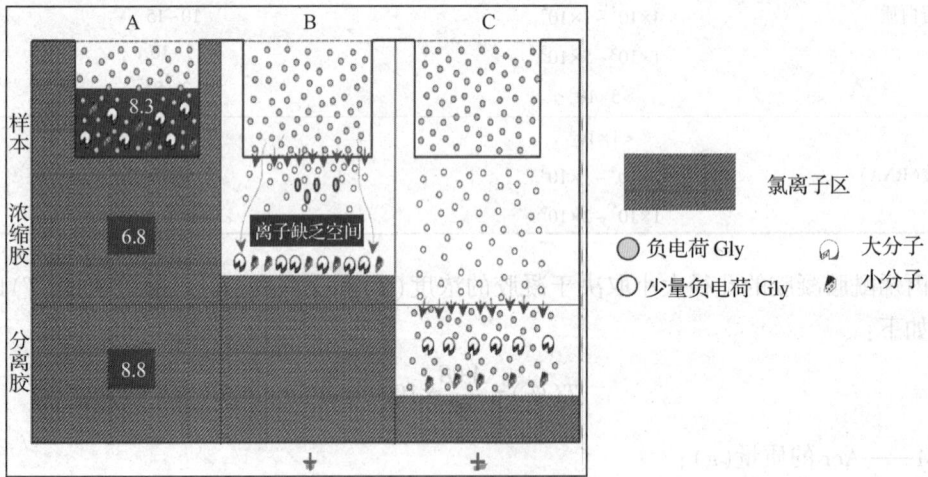

图 2-6-1 聚丙烯酰胺凝胶电泳原理
A. 将不同分子大小的混合物上样；B. 样品在浓缩胶中被压缩；
C. 样品进入分离胶，生物分子按相对分子质量由大到小运动速度依次加快

（1）浓缩效应：电泳凝胶从上至下分别为浓缩胶和分离胶。浓缩胶凝胶浓度较低，主要发挥浓缩效应；分离胶浓度较高，主要发挥分离效应，这便构成了凝胶孔径的不连续性。缓冲液也是不连续的。凝胶缓冲液通常由 Tris-HCl 组成，但其浓缩胶和分离胶缓冲液的 pH 分别为 6.8 和 8.8；电泳缓冲液通常由 Tris-Gly 组成，且其 pH 为 8.3。这便构成了缓冲液离子成分及 pH 的不连续性。在给定的 pH（即 6.8~8.8）下，Cl^-、甘氨酸及蛋白质样品都会解离带上负电荷（甘氨酸 pI=5.97，而大部分蛋白质的 pI 都为 5 左右），在电场

中这些电荷性质相同的离子都向同一方向(正极)泳动。Cl⁻由于其荷质比最大，迁移率最快，且其本身就在凝胶中，称为快离子(又称前导离子)。解离的甘氨酸从电泳缓冲液进入浓缩胶时，由于 pH 的改变(8.3 变为 6.8)，所带负电荷急剧下降，因此迁移率最慢，称为慢离子(又称尾随离子)。蛋白质带有较多的负电荷，其迁移率介于快离子和慢离子之间，称为中间离子。在同一电场下，由于 Cl⁻迁移速度较快，迅速超前移动，这样在其原来停留的地方留下瞬时低离子浓度的低介电区域(即因离子成分和 pH 在等距离胶上的不连续性，导致电位梯度不连续)，根据 $U=IR$(式中，U 为电压，I 为电流，R 为电阻)，此低介电区域就有较高的电势落差。在电势梯度剧增的情况下，迫使后面的蛋白质和甘氨酸加速移动，追赶快离子，则夹在快、慢离子中间的蛋白质样品就被挤压聚集形成一条狭窄的区带，这便是电泳中的浓缩效应。当蛋白样品从浓缩胶进入分离胶界面时，由于 pH 的升高(6.8 变为 8.8)，甘氨酸带电荷量增加，运动速度加快并超过蛋白质，其与 Cl⁻间离子界面继续前进，蛋白质被留在后面，同时因 pH 的升高，各种蛋白质带的电荷迅速上升，运动速度加快而最终相互分开。

(2)电荷效应：样品混合物在凝胶中被高度浓缩，堆积成层，形成一狭小的高浓度的样品区，但由于每种组分分子所载有效电荷不同，因而迁移率不同。承载有效电荷多的粒子泳动得快，反之则慢。

(3)分子筛效应：相对分子质量或分子大小和形状不同的组分通过一定孔径的分离胶时，受阻滞的程度不同，因此表现出不同的迁移率，即分子筛效应。即使自由迁移率相等的蛋白质分子也会由于分子筛效应在分离胶中被分开。

可见，不连续聚丙烯酰胺凝胶电泳最主要的优点是蛋白质样品经浓缩胶压缩后进入分离胶。蛋白质各成分预先分开且压缩成层，可以减少在电泳时成分间由于自由扩散而造成的区带相互重叠所带来的干扰，这样就提高了电泳的分辨能力。因此，少量的蛋白质样品(1.0~100.0 μg)也能较好分离(如血清蛋白质可获得近 20 多个区带，而醋酸纤维薄膜电泳只有 5~6 条带)。

3. 不连续聚丙烯酰胺凝胶电泳的操作

(1)制备凝胶：因电泳槽的构造区别，电泳凝胶在制备方面略有差异。此处主要介绍垂直板电泳。该电泳又可分为单垂直板电泳和双垂直板电泳两种方式(图 2-6-2)。制备凝胶时，按比例配好分离胶溶液，当加入 TEMED 且混匀后，迅速将分离胶溶液加入至管内或两玻璃板之间，并注意凝胶高度。随后，迅速在胶面上覆盖一层无水乙醇，使胶面被压平，并与空气隔绝，有利于凝胶的聚合。注意在加胶过程中避免气泡产生。待乙醇与凝胶

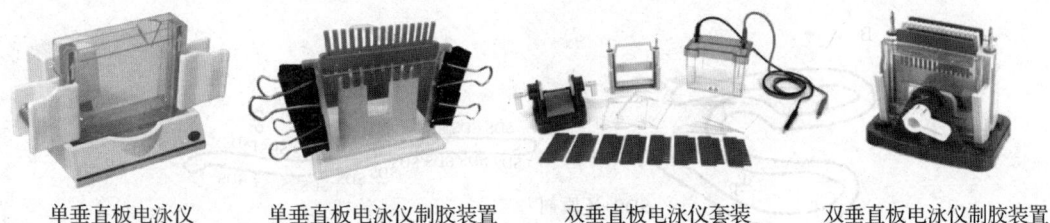

单垂直板电泳仪　　单垂直板电泳仪制胶装置　　双垂直板电泳仪套装　　双垂直板电泳仪制胶装置

图 2-6-2　单垂直板/双垂直板电泳仪及配套附件

间形成清晰的界面，表示分离胶已经凝固。倒去无水乙醇，待胶面干燥后，在分离胶上加入配制好的浓缩胶，如果是垂直板电泳，插进梳子，待凝胶聚合后拔出梳子即形成点样孔；如果是圆盘电泳，则在浓缩胶表面小心地覆盖一层无水乙醇，待凝胶聚合后用滤纸吸去覆盖的无水乙醇即可。

（2）加样：将样品与甘油或 40% 蔗糖等体积混合（或将样品与浓缩胶混合制成样品胶），加在浓缩胶面上。样品含盐量不能过高，只有当样品溶液电导低于分离胶的电导才能达到预期的浓缩效果。

（3）电泳：将含胶的玻璃板或玻璃管安装到电泳槽中，加入上、下槽电泳缓冲液，在点样孔中加入混有 0.05% 溴酚蓝染料的样品，稳压或稳流电泳。当染料离凝胶底部 1 cm 处时，停止电泳，取下玻璃板或玻璃管。

（4）样品固定与染色：凝胶取出后通常需要染色处理。如果分离的是蛋白质，用含 0.5% 氨基黑的 7% 乙酸溶液固定染色，再用 7% 乙酸脱色，直至色带清晰为止。也可用考马斯亮蓝（R-250 或 G-250）、1-苯胺基-8-萘磺酸染色或银染法染色。

4. SDS-PAGE

（1）基本原理：普通的 PAGE 是根据生物大分子在电泳系统中所带电荷及其相对分子质量不同而对样品进行分离。然而，有时两个相对分子质量不同的蛋白质，因其分子大小的差异被它们所带电荷补偿而以相同的速度移动，因而不能达到分离的目的。SDS-PAGE 则可以将电荷差异这一因素减小到可以略而不计的程度，使样品依分子大小而被分离。

SDS 即十二烷基硫酸钠，是一种阴离子表面活性剂，能使蛋白质的氢键、疏水键打开，在还原剂存在条件下，两者可以将蛋白质彻底变性，形成 SDS-蛋白质复合物（图 2-6-3）。SDS 既可以结合疏水氨基酸残基，又可以结合亲水氨基酸残基。在一定条件下，SDS 与大多数蛋白质的稳定结合比为 1.4 g SDS/g 蛋白质，大致相当于 2 个氨基酸结合 1 分子 SDS。由于 SDS 解离后带有负电荷，会使各种蛋白质都带上相同密度的负电荷，且电荷量大大超过了蛋白质分子原有的电荷量，因而掩盖了不同蛋白质分子原有的电荷差别。SDS 与蛋白质结合后，还引起了蛋白质的构象改变。SDS-蛋白质复合物的流体力学和光学性质表明，它们在水溶液中的形状，近似于长椭圆棒状，不同 SDS-蛋白质复合物的短轴长度都一样，约为

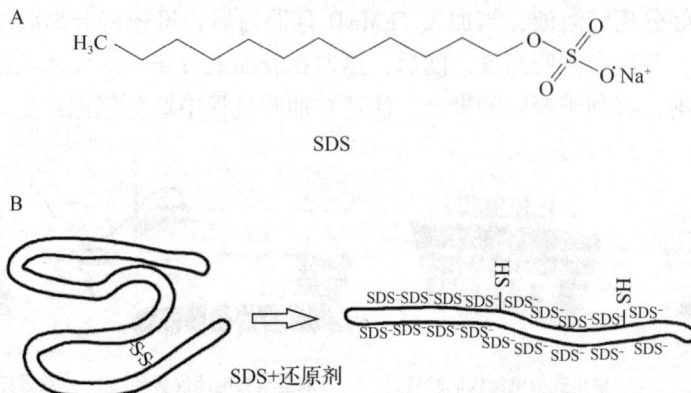

图 2-6-3　SDS 的分子结构（A）及其对蛋白质的变性作用（B）

11.8 nm，而长轴则随蛋白质相对分子质量增加成正比变化。这样，SDS-蛋白质复合物在凝胶电泳中的迁移率不再受蛋白质原有的电荷和形状的影响，而只与椭圆棒的长度也就是蛋白质相对分子质量有关系，可用下式表示：

$$\lg M_r = K - b \times R_f$$

式中　M_r——蛋白质相对分子质量；

K——常数；

b——斜率；

R_f——相对迁移率，即在凝胶中蛋白质的移动距离与指示剂移动距离的比值。

对于未知蛋白质的相对分子质量，通过SDS-PAGE法可以确定。只需要比较它和一系列已知 M_r 的蛋白质在SDS-PAGE时的相对迁移率就可以了。Weber等对约40种蛋白质进行了研究，进一步证实了这个方法的可行性。用该法测定蛋白质相对分子质量简便、快速，所得结果在 M_r 为 $1.5 \times 10^4 \sim 2.0 \times 10^5$ 的范围内，误差一般在±10%以内。另外，在强还原剂（如 β-巯基乙醇）存在下，蛋白质分子内二硫键被打开，通过SDS-PAGE不但可以鉴定蛋白质的亚基的种类或数量，还可进一步确定蛋白质亚基或单链的相对分子质量。

注意：电泳中样品的相对迁移率和平面层析中的比移值均用 R_f 值表示，且其基本内涵也一致，均为样品移动距离与参照物移动距离的比值，但两者的参照物存在差异。平面层析中的参照物为溶剂前沿，电泳中的参照物为指示剂染料的前沿。

（2）操作要点和注意事项：SDS-PAGE的操作与连续的PAGE相似，但也有不同。凝胶浓度要根据待测样品的相对分子质量来决定，当样品相对分子质量在 $2.0 \times 10^4 \sim 3.5 \times 10^5$ 宜用5%的凝胶，而相对分子质量在 $1.0 \times 10^4 \sim 1.0 \times 10^5$ 宜用10%的凝胶。上样前，需将样品溶于含1% SDS 和 0.1% β-巯基乙醇的 0.1 mol/L 磷酸缓冲液中于100℃水浴变性2~3 min。

影响蛋白质和SDS定量结合的因素主要有三个：一是二硫键是否完全被还原，只有当蛋白质分子内部的二硫键被彻底还原时，SDS才能定量地结合到蛋白质分子上去，并使之具有相同的构象。一般以 β-巯基乙醇作还原剂，必要时需对巯基进行烷基化，以免电泳过程中巯基重新氧化而形成蛋白质聚合体。二是溶液中SDS要有足够高的浓度，一般比蛋白质高3~10倍。如果SDS-蛋白质复合物不能达到 1.4 g SDS/g 蛋白质的比例，就不会具有相同的构象，将不能得到准确的电泳结果。三是溶液的离子强度要低于 0.26 mol/L，以使SDS单体具有较高的平衡浓度。

每次用SDS-PAGE法测定蛋白质相对分子质量时都需同时绘制标准曲线，并使标准蛋白的相对分子质量分布在未知蛋白质两侧，通过相对迁移率来计算未知蛋白质相对分子质量。对寡聚蛋白来说，该法测得的相对分子质量是亚基的相对分子质量，还必须用其他方法测定其相对分子质量及分子中肽链的数目才能正确反映其完整的分子结构。另外，有些带有较多电荷量（如组蛋白F）或带有较大辅基的蛋白质（如某些糖蛋白）以及一些结构蛋白（如胶原蛋白）等，用该法测相对分子质量时，一般需要用其他方法同时测定，以便互相印证。

5. 等电聚焦电泳

等电点聚焦（isoelectric focusing，IEF 或 EF），是在一定介质（常用聚丙烯酰胺凝胶，也可用琼脂糖凝胶或葡聚糖凝胶）中放入载体两性电解质，当通以直流电时，两性电解质即形成一个由阳极到阴极逐步增加的 pH 梯度，两性化合物在此电泳过程中，就被浓集在与其等电点相同的 pH 区域，从而使不同化合物能按各自等电点得到分离。该技术是 1966 年由瑞典科学家 Rible 和 Vesterberg 建立的，特别适用于蛋白质高效分离分析和制备分离。

（1）pH 梯度的形成：将一些载体两性电解质放入支持物中，如果阳极电解液是强酸性的，阴极电解液是强碱性的，那么阳极附近的两性电解质将带正电荷，阴极附近的两性电解质将带负电荷。通电后，各种电解质在电场中向中间区域泳动，并静止在与其等电点相应的 pH 范围内。由于两性电解质的扩散作用，形成了一个从阳极到阴极之间均匀而又连续的 pH 梯度。如果各种两性电解质的等电点不完全相同，只是相近似，那么最酸性的两性电解质静止在靠近阴极的位置，其他的两性电解质则依照其等电点的顺序排列；同理，最碱性两性电解质静止在靠近阳极的位置。不同 pH 值的两性电解质分布越均匀则 pH 梯度线性越好，这种 pH 梯度在有防止对流的支持介质存在时，在电场的作用下和在一定温度范围内，是很稳定的。

（2）载体两性电解质互相分离的条件：等电聚焦分离蛋白质的过程中，由于蛋白质是典型的两性电解质。它所携带的电荷及在电场中移动的方向是随着溶液 pH 的变化而变化的，即在酸性（pH<pI）溶液中带正电荷，向负极移动；在碱性（pH>pI）溶液中带负电荷，向正极移动。因此，无论把蛋白质放在支持物的哪个位置上，在电场作用下都会聚焦在 pH 梯度间相应 pH=pI 的地方，这种行为称为聚焦（focusing）作用。

（3）载体两性电解质：理想的载体两性电解质应该在自身等电点范围内有足够的缓冲能力和良好的导电性，其组成应与被分离样品有所区别，并且对分离样品呈惰性。常用的两性电解质载体是一系列脂肪族多氨基和多羧基类的异构体同系物，其结构如下：

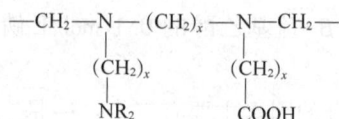

$$-CH_2-N-(CH_2)_x-N-CH_2-$$

$$(CH_2)_x \qquad (CH_2)_x$$

$$NR_2 \qquad\qquad COOH$$

调节胺和酸的比例，则可得到氨基与羧基不同比例的一系列脂肪族的同系物和异构体，它们在 pH 3~10 具有不同但又非常接近的 pK 和 pI 值，因而在电场作用下，可以形成平滑而连续的 pH 梯度。两性电解质载体相对分子质量都在 200~1 000，在波长 280 nm 处光吸收值极低，具有较好的电导性能和足够的缓冲能力。

（4）主要仪器设备和操作方法：所用到的主要仪器设备有稳压稳流电泳仪、圆盘电泳槽或水平式超薄型（0.5 mm）电泳槽、pH 计、凝胶玻璃管或玻璃板、冷却装置、塑料间隔模板、水平气泡、微量注射器及针头等。按如下步骤进行操作：①安装好电泳槽、冷却装置及灌胶装置；②配制凝胶和灌胶（不能有气泡）；③加样（加样体积因凝胶厚度及样品浓度而异）；④电泳，聚焦至电流接近零时停止；⑤采用浸泡法、表面微电极测定法或已知等电点标准蛋白质测定法确定 pH 梯度，并制作 pH 梯度标准曲线；⑥固定，染色，脱色，保存。

（二）醋酸纤维薄膜电泳

醋酸纤维薄膜电泳（cellulose acetate membrane electrophoresis）是以醋酸纤维薄膜为支持物的电泳。醋酸纤维薄膜是由一层薄薄的聚乙烯和压附在其上的醋酸纤维素酯（即纤维素

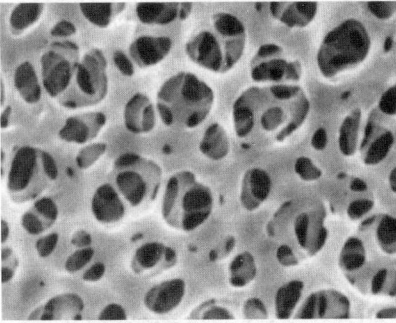

图 2-6-4　通过扫描电镜下显示出的
醋酸纤维薄膜的微孔结构

的羟基经乙酰化而成)构成的,具有细密的微孔,如图 2-6-4 所示。光滑面是聚乙烯,粗糙面是醋酸纤维素酯一侧,所以样品要点在粗糙面上。薄膜厚度以 0.1~0.15 mm 为宜,太厚吸水性差,分离效果不好;太薄则膜片缺少应有的机械强度则易碎。国内有商品化醋酸纤维薄膜出售,不同厂家生产的薄膜主要在乙酰化、厚度、孔径、网状结构等方面有所不同,但分离效果基本一致。

醋酸纤维薄膜作为电泳的载体具有操作简单、快速、价廉等优点。它对蛋白质样品吸附极少,"拖尾"现象较小;该方法电泳染色后背景能完全脱色,各种蛋白质染色带分离清晰,因而提高了定量测定的精确性;薄膜中所容纳的缓冲液也较少,因而电渗作用小,即电泳时大部分电流是由样品传导的,所以分离速度快、电泳时间短,一般电泳 45~60 min 即可;另外,样品用量少,最多几微升,甚至少至 0.1 μL。醋酸纤维薄膜电泳染色后,经冰乙酸、乙醇混合液或其他溶液浸泡后可制成透明的干板,有利于扫描定量及长期保存。

醋酸纤维薄膜电泳广泛用于分析检测血浆蛋白、脂蛋白、糖蛋白、胎儿甲种球蛋白、体液、脊髓液、脱氢酶、多肽、核酸及其他生物大分子,已成为医学和临床检验的常规技术。

(三) 琼脂糖凝胶电泳

琼脂(agar)是一类从石花菜及其他红藻类(rhodophyceae)植物提取出来的高分子复合物。将琼脂中含有硫酸根和羧基等可解离基因部分的琼脂胶除去(减少电渗)后可得到不带电荷的琼脂糖(agrose)。琼脂糖是由 D-半乳糖和 3、6 位脱水的 L-半乳糖连接构成的多糖链,如图 2-6-5 所示,这种多糖链在 100℃ 左右时呈液态,当温度下降到 45℃ 以下时,它们之间以氢键方式相互连接呈束状的琼脂糖凝胶。由于具有亲水性及不带电荷,琼脂糖很少引起生物成分的变性和吸附,而且对尿素和盐酸胍等破坏氢键的试剂有较强的抵抗力,在 pH 4.0~9.0 的缓冲液中稳定。

琼脂糖电泳特别适合于分离核酸等大分子物质。琼脂糖凝胶结构均匀,含水量大(占 98%~99%),近似自由电泳,样品扩散度较自由电泳小,对样品吸附极微,因此电泳图谱清晰、分辨率高、重复性好。琼脂糖凝胶电泳操作简单,电泳速度快,样品不需事先处理就可进行电泳。琼

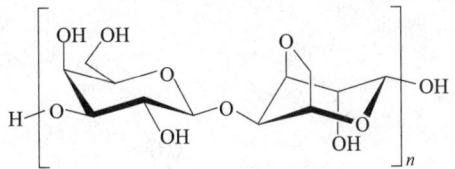

图 2-6-5　琼脂糖的分子结构式

脂糖透明、无紫外吸收,电泳过程和结果可直接用紫外检测,电泳后区带易染色,样品易洗脱,便于定量测定,制成干膜可长期保存。

1. 电泳原理

琼脂糖凝胶电泳原理与 PAGE 原理基本相同,具有电荷效应和分子筛效应。当用琼脂糖凝胶分离双链 DNA 时,其迁移率大小主要与核酸的相对分子质量有关,而与其一级结构和碱基组成无关。同一 DNA 片段在不同浓度的琼脂糖凝胶中电泳迁移率不同。不同浓

度的琼脂糖凝胶适宜分离 DNA 片段大小范围不同，见表 2-6-2 所列。各种浓度的琼脂糖凝胶可以分离长度 100~60 000 bp 的 DNA，相对分子质量更大的 DNA 可以通过脉冲电泳进行分离。通常在进行 DNA 样品分析及相对分子质量测定时多采用琼脂糖凝胶，在测定小的 DNA 分子或测序时才使用聚丙烯酰胺凝胶。

表 2-6-2　不同浓度的琼脂糖凝胶分离 DNA 的范围

琼脂糖凝胶浓度/%	可分离的线性 DNA 大小范围/kb	琼脂糖凝胶浓度/%	可分离的线性 DNA 大小范围/kb
0.3	5~60	1.2	0.4~6
0.6	1~20	1.5	0.2~3
0.7	0.8~10	2.0	0.1~1.2
0.9	0.5~7		

在测定相对分子质量时要在同一胶上加 DNA 相对分子质量标准同时电泳，市售的 DNA 相对分子质量标准型号很多，图 2-6-6 中为 λDNA/Hind Ⅲ 的酶切片段在 0.7% 的琼脂糖凝胶上的电泳结果。电泳完毕后，经溴化乙啶染色（也可采取银染、Goldview 及同位素放射自显影等）、照相，通过比较待测样品与标准样品的相对位置，即可推算出未知样品各片段的大小。

2. 琼脂糖凝胶电泳操作

琼脂糖凝胶电泳时一般用水平电泳槽装置（图 2-6-7），其分离过程如图 2-6-8 所示。

（1）制胶：常用琼脂糖浓度为 0.7%~1.5%。称取一定量的琼脂糖于锥形瓶中，加入适量的电泳缓冲液，在微波炉加热熔化。待溶液冷却到 60℃ 左右时加 Goldoiew（浓度为 10 μL/100 mL），摇匀，将胶托放入制胶模具，并安装梳子，接着将凝胶溶液注入模型中，使其厚度为 3 mm 左右。室温放置冷却，待胶凝固后小心移走梳子，并取出带有琼脂糖凝胶的胶托。

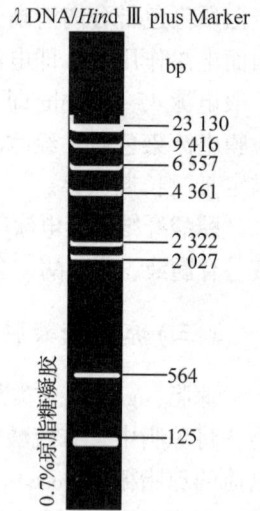

图 2-6-6　λ DNA/Hind Ⅲ 的酶切片段电泳结果

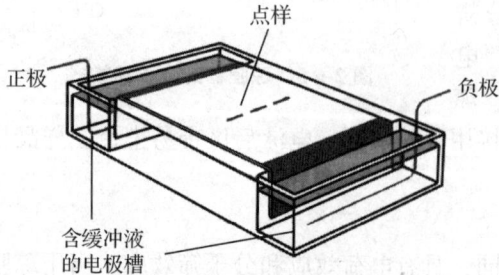

图 2-6-7　水平型平板电泳槽

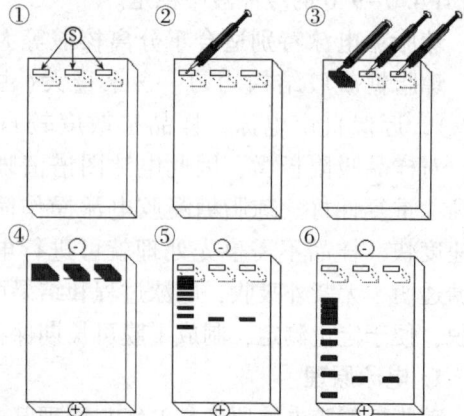

图 2-6-8　琼脂糖凝胶电泳过程

（2）加样和电泳：将琼脂糖凝胶及胶托转移至电泳槽内，把样品与载样缓冲液混合后上样，接通电源，维持在 9 V/cm 左右，当溴酚蓝移至终点端 1 cm 左右时，关闭电源。

（3）检测：将带有凝胶的胶托从电泳槽中取出，然后将凝胶剥离出转移至紫外透射仪或凝胶成像仪中，打开紫外灯激发荧光，观察拍照。

（4）样品回收：凝胶上的样品可以回收，以供进一步研究。回收的方法很多，可用商业化凝胶回收试剂盒按照操作说明回收。

（四）毛细管电泳

毛细管电泳（capillary electrophoresis，CE），是经典电泳技术和现代微柱分离相结合的产物。目前，它已成为能与气相色谱、高效液相色谱相媲美的一种分离技术。

1. 毛细管电泳的基本原理

毛细管电泳又称毛细管区带电泳，是以高压电极为驱动力，以毛细管为分离通道，根据样品各组分之间浓度和分配行为上的差异实现分离目的的一类液相分离技术（图 2-6-9）。分离后的样品依次通过设在毛细管一端的检测器检出。该方法克服了传统区带电泳的热扩散和样品扩散的问题，实现了快速和高效分离。

与传统的分离方法相比，毛细管电泳的显著特点是简单、高效、快速和微量。此外，毛细管电泳还具有经济、清洁、易于自动化、一机多用和环境污染少等优点。所有这些特点使毛细管电泳迅速成为一种极为有效的分离技术，广泛应用于分离多种化合物，如氨基酸、糖类、维生素、杀虫剂、有机酸、无机离子、染料、表面活性剂、药物、多肽和蛋白质、神经递质、RNA 和 DNA 片段等。近年来，毛细管电泳在手性化合物分离、药物分析（药物成分分析、药物筛选、药理研究）、DNA 分析（单链 DNA 药物筛选、DNA 测序、PCR 产物分析、筛选 DNA 点突变）、蛋白质和多肽分析（蛋白质之间及蛋白质与其他分子之间的相互作用、自动免疫分析、蛋白质折叠与构象变化、生物活性肽研究）、糖分析（单糖、寡糖、糖肽、糖蛋白）和环境分析等领域得到越来越广泛的应用。

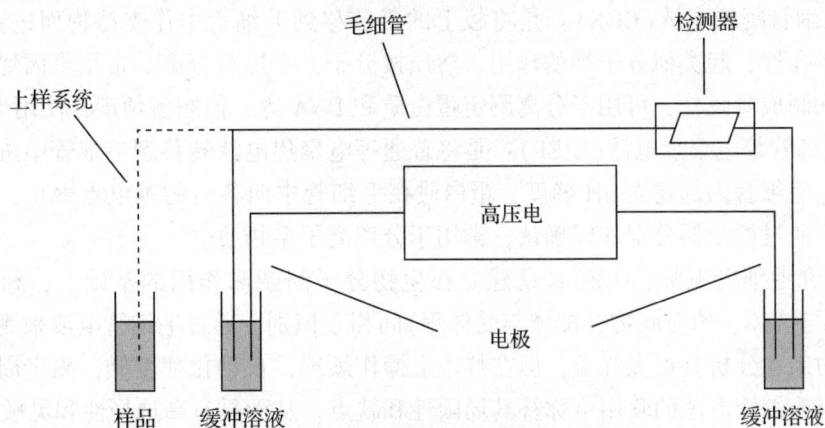

图 2-6-9　毛细管电泳装置示意

2. 毛细管电泳的发展

就毛细管电泳而言，极细的毛细管内径带来了很高的分离效能，但同时也给样品组分的检测带来困难，对检测技术相应提出了较高的要求，如何增加检测器的灵敏度，同时又不造成明显的区带展宽，一直是毛细管电泳发展中的一个至关重要的问题。迄今为止，已有许多检测技术与毛细管电泳联用，在不同的实际应用领域中发挥作用。

（1）紫外可见光吸收检测：通过紫外可见光吸收进行检测是毛细管电泳中应用最广泛的方法。石英毛细管因可透过波长 20 nm 以下的紫外光，因此不仅允许从紫外光到可见光这一波长范围内对样品组分进行检测，而且可将透光窗口直接开在毛细管上，进行"在柱"检测。

（2）荧光检测：也是毛细管电泳中一种常见的"在柱"检测法，因对组分区带不会引起额外展宽，而且检测灵敏度很高，尤其是激光诱导荧光检测法（LIF），其灵敏度可高达 $1×10^{-16} \sim 1×10^{-12}$ mol/L，是目前毛细管电泳中最灵敏的一种检测方法。

（3）电化学检测：电导检测、电位检测、安培检测是电化学检测常用的三种方法。该检测可避免光学类检测器遇到的光程太短的问题，对电活性组分的检测具有灵敏度高、线性范围宽、选择性好、价格低廉等特点。安培检测是三种电化学检测方法中最易实现，应用较广的一种检测技术，为微体积环境中电活性物质的测定提供了高灵敏度的检测方法。

（4）集成毛细管电泳芯片：该项技术以晶体硅、玻璃、塑料（指有机玻璃）、陶瓷和硅橡胶为基本材料，借助毛细管电泳技术，将样品进样、反应、分离、检测等过程集成到一起的多功能化的技术，该项工作与分析仪器的微型化、小型化和集成化紧密相连，使其能符合现代生物化学、制药工业的低成本和高产出的需求。

3. 毛细管电泳分离模式

按分离介质和分离原理不同，毛细管电泳有多种分离模式，而各种模式的分离机理是不相同的。如今的毛细管电泳不再仅仅局限于分离带电荷的大分子，也适合分离阳离子、阴离子和中性分子。常见的毛细管电泳的分离模式如下：

（1）毛细管区带电泳（CZE）：又称毛细管自由电泳，毛细管内只充入缓冲液，在直流高压电的驱动下，溶质以不同的速率在分立的区带内进行迁移而被分离。毛细管区带电泳的应用范围很宽，包括对氨基酸、多肽、离子、对映体等物质的分析。

（2）毛细管凝胶电泳（CGE）：是将板上的凝胶移到毛细管中作支持物而进行的电泳。凝胶具有多孔性，起类似分子筛的作用，溶质按分子大小进行分离。常用聚丙烯酰胺在毛细管内交联制成凝胶柱，可用于分离测定蛋白质和 DNA 等，但制备烦琐，使用寿命短。

（3）毛细管等电聚焦电泳（CIEF）：是将普通等电聚焦电泳转移到毛细管中进行，在高压作用下，毛细管内部建立 pH 梯度，蛋白质在毛细管中向各自的等电点聚焦，形成明显的区带，再通过检测器分别加以确认，常用于分离离子型物质。

（4）亲和毛细管电泳（ACE）：是建立在生物分子间亲和作用的基础上，利用亲和分子（如抗原与抗体、酶与底物、配体与受体等）间相互识别，通过毛细管电泳来测定这些分子。传统的亲和分析有很多优点，但在技术上操作烦琐，自动化程度低，测定周期长，而亲和分析与毛细管电泳的联用可弥补其局限性和缺点，从而具有高选择性和灵敏性。

四、电泳技术的拓展和创新

随着现代生物技术的飞速发展，电泳技术以其可靠性、高分辨率及低成本得到广泛应用。由于技术方法、手段上不断创新，电泳技术得到了很大的拓展，使其不仅成为生命科学研究不可缺少的手段之一。同时，电泳技术在生物技术产品的下游处理过程中也发挥着重要作用，特别是高附加值生物技术制品(如干扰素、激素、蛋白质药物等)工业化和商品化的发展，制备型电泳分离技术的研究及应用受到了普遍重视。

1. 免疫电泳

免疫电泳(immuno electrophoresis)是把蛋白质电泳分离技术和免疫学检测方法(双向扩散)结合起来的检测方法。该方法所用样品和抗血清较少，而且测定时间短、灵敏度高，因此应用比较广泛。现将常见免疫电泳介绍如下。

(1)微量免疫电泳(micro immuno electrophoresis)：把抗原置于用缓冲液配制的琼脂板中央的孔穴内电泳后，能使其所含组分按各自的理化性质分成不同的区带。然后与电泳方向平行的抗体槽中加入的抗体进行双向扩散，当抗原与相应的抗体相遇并达到等当量时，则形成沉淀弧。每一种抗原组分可形成一个沉淀弧，因此形成沉淀弧的数目就相当于抗原混合物中所含不同组分的数目。微量免疫电泳不仅用于抗原、抗体定性及纯度的测定，而且在临床诊断方面也有实用价值。

(2)对流免疫电泳(counter immuno electrophoresis)：在简单免疫扩散法的基础上外加电场以限制抗原、抗体的自由扩散，提高抗原、抗体的局部浓度，加快两者的移动速度。此法比琼脂扩散法灵敏度高，检测样品所需要的时间短。血清抗原在碱性缓冲液(pH 8.6)中带负电荷，由负极向正极泳动，而血清抗体由于接近等电点，可由正极向负极渗透(电渗效应)，在合适的抗原、抗体比例及一定的离子强度下，两者相遇而形成白色复合物沉淀线，以此定性、定量抗原或抗体。

(3)火箭免疫电泳(rocket immuno electrophoresis)：又称单向定量免疫电泳。在琼脂板的琼脂内加入适量的抗体，在电场作用下，定量的抗原泳动时，遇到琼脂内的抗体，形成抗原-抗体复合物沉淀出来。在抗原孔内，走在后面的抗原继续在电场作用下向正极泳动，在向前泳动过程中，遇到了琼脂内沉淀的抗原-抗体复合物，由于抗原的增加造成抗原过量而使复合物沉淀溶解，并一同向正极移动而进入新的琼脂内与未结合的抗体结合，又形成新的抗原-抗体复合物沉淀出来，这样不断地沉淀-溶解-再沉淀，直至全部抗原与抗体结合并在琼脂糖内形成锥形的沉淀弧峰，故又形象地称为火箭电泳。抗原含量越高，所形成的火箭峰越长，根据火箭峰的长度与标准抗原比较，可较精确地计算抗原的浓度。

(4)双向定量免疫电泳：又称交叉电泳(crossed electrophoresis)，它分两个步骤进行，首先将抗原进行电泳(琼脂电泳、聚丙烯酰胺凝胶电泳、聚丙烯酰胺等电点聚焦电泳等)以分离各组分，然后放在抗体琼脂板上，使各组分在垂直方向再电泳一次。根据各组分的沉淀峰便可对抗原进行定性、定量测定。在该方法中如果用凝集素(lectin)代替免疫球蛋白，在交叉免疫电泳过程中则可利用糖蛋白的特异反应来分析糖蛋白组分及含量。故其又称亲和免疫电泳。

2. 双向电泳

双向电泳(two dimensional electrophoresis, 2-DE)基本原理是首先根据蛋白质等电点不同在 pH 梯度的聚丙烯酰胺凝胶中等电聚焦(IEF-PAGE)将其分离，然后按照它们的相对分子质量大小在垂直方向或水平方向进行 SDS-PAGE 电泳第二次分离，再用考马斯亮蓝或银染法进行检测。

双向电泳分辨率高、可重复性强，作为蛋白质组研究的三大关键核心技术之一(另两种是质谱技术和计算机图像数据处理与蛋白质组数据库技术），是目前分析组分复杂蛋白质分辨率最高的工具，因此日益受到人们的广泛关注。

3. 单细胞凝胶电泳

单细胞凝胶电泳（single cell gel electrophoresis，SCGE）又称彗星试验（comet assay），是一种快速、灵敏、简便、价廉、重复性好的检测单细胞 DNA 损伤的方法。

DNA 为紧密的超螺旋结构，一般情况下，部分 DNA 的单链断裂对 DNA 的结构影响不大，不容易释放。在单细胞凝胶电泳实验中，由于细胞裂解液的作用，膜结构受到破坏，细胞内成分扩散到裂解液中，DNA 由于相对分子质量大而留在原位。在碱性条件下，DNA 解螺旋，DNA 的断链和亲碱性片段释放，在电场中移动，形成彗星样图像，通过测定 DNA 迁移部分的光密度或迁移距离可以测定 DNA 的损伤程度。

单细胞凝胶电泳应用领域很广，可用于检测单个细胞 DNA 的损伤和 DNA 损伤后细胞的修复能力；检测 DNA-蛋白交联和 DNA 链间交联；进行遗传毒理学的评价，探讨已知遗传毒物和致突变物的特异活性评价和未知化合物的遗传毒性；探讨肿瘤的病因、发生、发病机制，检测组织细胞的特征，作为肿瘤易感性的评价指标；适用于接触遗传有害因素人群的生物检测，有助于建立人体监测系统，有助于进行环境及职业暴露于遗传性毒物的人群流行病学研究。

4. 脉冲凝胶电泳

脉冲凝胶电泳（pulsed-field gel electrophoresis，PFGE）是以琼脂糖作为电泳介质，通过方向发生周期性变化的电场的作用将生物分子分离出的一种电泳方法。普通的琼脂糖凝胶电泳的电场方向恒定，大小不同的生物分子（如 DNA）借凝胶的分子筛作用以不同的泳动速度由负极移向正极。当 DNA 分子的大小超过凝胶的交联孔径时，即达到了电泳分辨力的极限。在脉冲凝胶电泳中，电场的方向随时间发生规律性的变化，每当电场方向改变后，受电场力作用而拉长的 DNA 分子的前端能够改变方向沿新的电场方向移动，而其分子的其他部分则由于刚性回缩随之前移，于是螺旋状的 DNA 分子在这种电场的作用下以拉长的状态如蛇行一样穿过凝胶的交联孔。较小的 DNA 分子能够迅速适应电场方向的改变而快速前移，较大的分子则需要更多的时间来改变方向，用于前移的时间相对减少。只要 DNA 变换方向的时间小于电脉冲的周期，DNA 分子就可依其大小被分开。

从理论上来看，脉冲电场凝胶电泳分离大分子 DNA 并无上限，它已成为百万碱基对级别基因组操作的一项关键技术。这一技术在核型分析、基因定位、DNA 物理图谱、相对分子质量测定和流体动力学研究中都将发挥巨大的作用。

5. 印迹转移电泳

各种凝胶电泳是当代分析生物大分子最有效的技术之一。目前，其分辨率已达惊人程度，如双向凝胶电泳系统一次能分辨近 1 600 种蛋白质。但是，想要精确地从这上千条区带中辨别出一种我们感兴趣的功能蛋白质，常常是困难的。英国爱丁堡大学的 E. M. Southern 于 1975 年创立了一种把凝胶电泳、固定化技术和分子杂交融为一体的新方法。他把限制性内切酶消化后的 DNA 片段进行琼脂糖凝胶电泳分离，再借助毛细作用把凝胶上的区带转移并吸附于硝酸纤维素滤纸上并使之固定化。最后，用特定的放射性 RNA 作为探针，使之和固定化纸上特异性区带进行 DNA-RNA 杂交。通过放射自显影检出了所需 DNA 片段。由于此过程类似于把墨渍吸到吸墨纸上而称为 blotting，故称为印迹术。

现人们称 DNA 印迹术为 Southern blotting；RNA 印迹术为 Northern blotting；根据抗原-抗体的亲和关系建立的蛋白质印迹术为 Western blotting；等电聚焦后双向印迹术为 Eastern blotting。

6. 温度梯度凝胶电泳

传统的电泳分离方法基于分子的大小和带电荷数进行分离，温度梯度凝胶电泳（temperature gradient gel electrophoresis，TGGE）则增加了一个新的分离参数，即分子构象，利用不同构象的分子具有不同的变性温度（T_m）来进行分离。

在正常情况下，DNA 分子呈双链结构状态；当温度升高到一定值时，DNA 双链开始解开，由完整的双链变为分叉双链；如果温度继续升高，DNA 双链完全解开，变为单链 DNA。这种分子构象的改变会影响分子在电泳时的迁移行为，因为 DNA 双链的打开直接导致迁移率下降。这种影响在两条链即将完全解开时最大，此时分子的电泳速度最慢；而当全部形成单链时，泳动速度又会变快。

TGGE 分析是一种新的水平式聚丙烯酰胺凝胶电泳方法。根据 TGGE 温度梯度方向与电泳方向是否一致可以进行两种模式的 TGGE：垂直 TGGE 和平行 TGGE。垂直 TGGE 的温度梯度方向与电泳方向垂直，可用于优化样本的分离条件，也可用于分析 PCR 产物的组成；平行 TGGE 的温度梯度方向与电泳方向一致，采用优化后的电泳条件，可用于同时分析多个样本。

7. 连续型逆向色谱电泳

连续型逆向色谱电泳（continuous counteracting chromatographic electrophoresis，CACE）是 20 世纪 90 年代以来迅速发展起来的一种制备型电泳分离技术。图 2-6-10 所示为连续型逆向色谱电泳的分离原理。分离柱内装填两种具有不同物理特性（如材质、粒度或孔径）的色谱分离填料。对于载液中的靶物质来说，排阻区填料孔结构致密，层析速度较快，嵌入区填料孔结构疏松，层析速度较慢。同时，由于靶物质在直流电场的作用下存在反方向的电泳运动，因此，通过调整载液流率、电场强度或色谱填料的物理特性，最终可使靶物质向两种色谱填料的交界区域富集，获得高纯度产品。

连续型逆向色谱电泳作为一项新型高效制备电泳分离技术，结合了凝胶色谱与电泳技术的优势，连续型逆向色谱电泳过程可以实现连续分离操作，其巨大的应用潜力特别是在高附加值生物制品（如干扰素、激素、蛋白质药物）的分离纯化方面引起了各国研究者的高

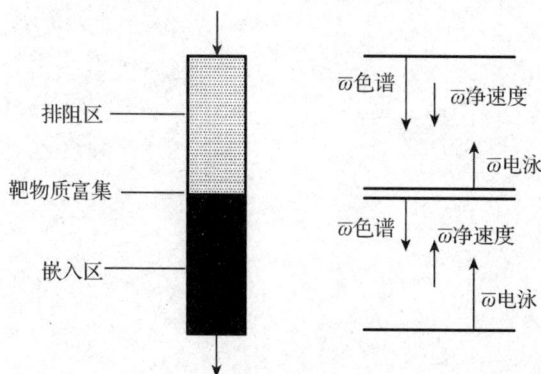

图 2-6-10　连续型逆向色谱电泳的分离原理

度重视,成为生物工程技术领域研究中的一个热门课题。但是,由于连续型逆向色谱电泳涉及生物物质的吸附、色谱分离和电泳迁移现象,对环境(如 pH、温度及缓冲液的组成和浓度)的要求十分苛刻,加之生物样品的组成往往又比较复杂,许多问题需要进一步探讨和解决,如过程的模拟与放大研究、分离介质的合成及特性研究、分离操作模式及动态负荷研究等。

8. 介体电泳

介体电泳(preparative electrophoresis)是生物纯化技术的一个革命,它将电泳分离技术的原理与膜过滤分离技术的原理相结合,利用分子大小和其所带电荷的性质不同,对复杂的生物溶液进行纯化、浓缩和盐析。

澳大利亚著名科学家 Joel Margolis 根据介体电泳原理发明了 Cradiflow 仪。Cradiflow 仪主要部件是一个分离膜片,分离膜片由三层聚丙烯酰胺膜组成,上下两层是小孔径的限制膜,它们只允许相对分子质量小于 $3×10^3$ 的小分子或离子通过;中间层是分离膜,它的孔径可根据分离的需要选择,但通常比限制膜的孔径大,且孔径大小一致。操作时,将分离膜片插入分离装置中,在分离膜片的上下是两个电极,在电极与分离膜片之间循环已冷却的缓冲液。当开启电源后,带有不同电荷的物质将向两个不同的电极方向运动,而分离膜只允许相对分子质量小于其孔径的分子通过。根据所需要物质的相对分子质量大小和等电点,选择分离膜孔径的大小和缓冲液的 pH,可将需要的物质与各种杂质分开。Cradiflow 仪与紫外分光光度计连接,可监测上流和下流中所需要物质浓度的变化。

介体电泳结合了膜过滤分离技术和电泳分离技术的优点,相对于超滤和柱层析等常用分离技术,因为其纯化条件温和、无须加压和特殊处理,能够最大限度地保持被分离物质的生物活性,回收率和分辨力高,操作简便,可大规模快速地纯化、浓缩和盐析生物技术产品,高质量和低成本地分离纯化生物活性物质。

第七章　离心技术

借助离心机高速旋转产生强大的离心力，使物质分离、浓缩、提纯的方法称为离心技术。离心技术是现代生化制备、分离和分析研究中十分重要的技术手段。离心可以使生物成分从溶液中沉降出来，也可以使固–液、液–液得以分离。随着生命科学的发展，离心技术已成为生化制备和分析中重要的技术之一。

一、离心技术原理

离心技术是根据物质的质量、沉降系数及浮力因素等不同，借以分离密度不同的各种物质成分的方法，是实验室常规采用的技术。

1. 相对离心力

相对离心力（relative centrifugal force，RCF），是当离心机半径为 r（cm）的转子（头）以一定的角速度（ω，rad/s）旋转时，离心管中的颗粒（质量为 m）所受到的向外辐射离心力：

$$F = \omega^2 rm$$

转头的角速度以次数 n（r/min）可表示为：

$$\omega = \frac{2\pi n}{60}$$

将两个公式整合得：

$$F = \omega^2 rm = \left(\frac{2\pi n}{60}\right)^2 rm$$

F 通常用相对离心力即其重力的倍数来表示，通常取单位 cm/s²。因此，

$$RCF = \frac{F}{m \cdot g} = \frac{4\pi^2 n^2 r}{3\,600g}$$

经整理得：

$$RCF = 1.12 \times 10^{-5} n^2 r$$

根据上述公式可以进行离心力和转速计算。如果知道现有离心机的转子半径和转速，很容易计算得到相应转速下的 RCF。通常情况下，我们并不需要对离心力做具体计算，较高档的离心机可以实时显示离心力或转速的大小。我们也可以通过离心机转速与离心力的列线图计算求得，如图 2-7-1 所示。

将离心机转速换算为离心力时，首先，在 r 标尺上取已知的半径和在 r/min 标尺上取已知的离心机转速，然后，将这两点间划一条直线，在图中间 RCF 标尺上的交叉点即为相应的离心力数值。

注意：若已知的转速值处于 r/min 标尺的右边，则应读取 RCF 标尺右边的数值；同样，转速值处于 r/min 标尺左边，则读取 RCF 标尺左边的数值。

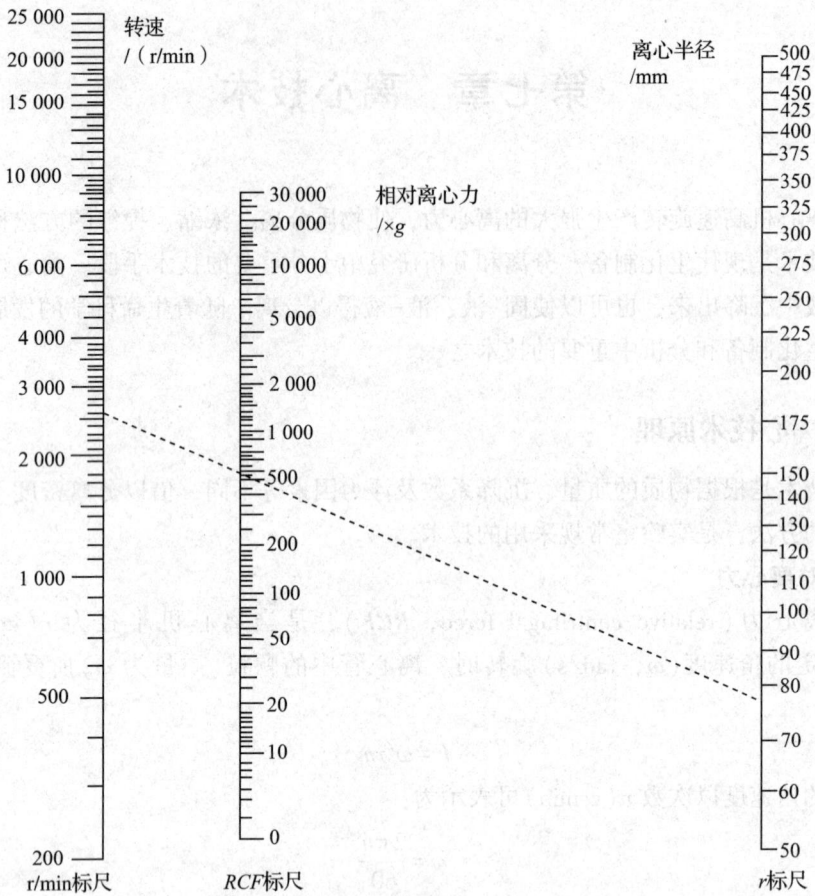

图 2-7-1 离心机转速与离心力的列线图

2. 沉降系数

颗粒在单位离心力作用下的沉降速度称为颗粒的沉降系数（sedimentation coefficient）。为了纪念 Svedberg 对离心技术的贡献，人们把沉降系数确定为 s，单位为 S（Svedberg），$1\ S=1\times10^{-13}\ s$。沉降系数表示公式为

$$s=\frac{v}{\omega^2 r}=\frac{\mathrm{d}r/\mathrm{d}t}{\omega^2 r}=\frac{(\rho_p-\rho_m)d^2}{8\eta}$$

$$v=\frac{(\rho_p-\rho_m)d^2\omega^2 r}{8\eta}$$

式中 s——沉降系数；

v——沉降速度；

ω——角速度；

r——旋转半径；

$\mathrm{d}r/\mathrm{d}t$——单位时间内颗粒在半径方向移动的距离；

η——介质的黏度；

d——颗粒直径；

ρ_p——颗粒密度；

ρ_m——介质密度。

沉降系数在生物科学中常用来表示某些生物大分子或细胞器的大小，如 16S rRNA、23S rRNA、70S 核糖体等。若所测某物质颗粒在超速离心机中的沉降系数是 2.5×10^{-12} s，那么该物质颗粒的相对大小就可以表示为 25S(2.5×10^{-12} s/10^{-13} s=25S)。蛋白质的沉降系数一般在 $1\sim200$S。

3. 离心时间

球形颗粒的沉降速度不但取决于离心力，离心时间也是决定因素。离心时间由被分离对象的性质(颗粒浮力、密度、颗粒大小等)、样品液介质的黏度、离心机的性能(最高转速、转子半径等)等特征来确定。为了避免沉降的细胞或亚细胞受到挤压损伤、变性失活等，在保证较好的分离效果的前提下应尽可能缩短离心时间。

二、离心技术分类

根据离心分离目的、样品来源和性质差异以及离心机的不同，离心技术可以分为制备离心和分析离心两大类。生物制备过程中使用比较多的方法有沉淀离心、沉降离心、差速离心、密度梯度离心、淘洗离心和连续流离心等。

(一)制备离心

1. 沉淀离心

沉淀离心是选择一种离心速度、一定时间进行离心，通过离心使样品液中的大颗粒固形物与液相分离，从而获得沉淀或上清液。所用的离心机为普通离心机或高速冷冻离心机。

2. 沉降离心

沉降离心是目前应用最广的一种离心方法，一般是指介质密度约为 1 g/mL，选用一种离心速度，最终使悬浮溶液中悬浮颗粒在离心力的作用下完全沉降下来。

3. 差速离心

差速离心又称分级离心，是建立在颗粒的大小、密度和形状有明显的不同，沉降系数存在着较大差异的基础上进行的分离方法。因此，通过控制离心机转速即离心力的大小，通过多次离心，使不同颗粒分别沉降并得以分离。差速离心一般只能分离沉降系数相差10 倍以上的颗粒。

4. 密度梯度离心

密度梯度离心是用于分离沉降系数相差 10% ~ 20% 的颗粒，或者颗粒密度差小于0.01%的组分。它的最大特点是通过一次离心可以同时使混合样品中沉降系数差在 10% ~ 20%的几种组分分开，得到较高纯度的颗粒。

5. 淘洗离心

淘洗离心是在离心力作用下利用等密度的淘洗液加到淘洗转头内，在离心力的作用下将样品中不需要的悬浮物质淘洗除去，保留所需颗粒的一种离心方法。

6. 连续流离心

连续流离心是在离心力作用下，向连续流转头内不断加入样品液，颗粒在离心力的作用下沉降，上清液受注入样品液的挤压不断溢出，最终获得所需颗粒。此方法适用于处理样品溶液浓度小、体积大的溶液，这样可以大大减少开机时间，提高效率。

(二) 分析离心

分析离心一般是指小量的超速离心，它与制备性离心用途不同。分析离心主要是用于研究生物大分子的沉降特征和结构，而不是为了大量收集某种成分。因此，分析离心所需要的离心速度比较高，离心机的结构比制备超速离心机要复杂得多。

三、离心机的种类及其特点

在实际离心分离生物样品时，需根据分离样品的量和分离目的选择合适的离心机，才能够达到分离的效果。离心机可根据其用途、转速、结构特点、离心形式、操作方式、可控温度等进行分类。由于离心机的结构、性能和用途等方面的差异，分类方法也各不相同。按照离心机离心速度分为低速离心机、高速离心机和超速离心机。而根据离心机的用途分为以下几种。

1. 普通离心机

最大转速一般为 6 000 r/min，最大相对离心力(RCF)约 6 000×g。有多种不同的型号和类别，具有构造简单、低转速、无制冷系统、无真空系统、精密度低、价格低等特点。

2. 制备型大容量低速离心机

一般为离心体积较大、机型大的落地式离心机，最大相对离心力在 6 000×g 左右，最大容量可达 500 mL×6。这类离心机大多数配有制冷系统。

3. 高速冷冻离心机

最大转速为 18 000~25 000 r/min，最大相对离心力高达 89 000×g，转头舱可以通过制冷系统降低温度，以便消除由于高速旋转转头和空气之间摩擦而产生的热量。这类离心机常见的有两种，一种是较简单的大容量连续流动式离心机，另一种是较小容量的冷冻离心机。

4. 超速离心机

超速离心机最高转速可达 150 000 r/min，产生的相对离心力可达 1 000 000×g，不仅能够进行各种细胞器的分级分离、病毒的分离纯化，也能够分离纯化 DNA、RNA、蛋白质等生物大分子。

5. 连续流离心机

连续流离心机主要用于处理类似于发酵液等特大体积、浓度较稀的样品液。

离心操作中最重要的是平衡，即离心时对应的两个或多个离心管一定要十分平衡。离心前必须精准地平衡离心管和它们的内容物，且平衡后的一对离心管应对称放置在离心机内。在超速或高速离心时，转子高速旋转会发热引起温度升高，因此必须采用冷冻系统，使温度保持在一定的范围内(一般为4℃左右)。对于一些热稳定性较好的物质，也可在室温下进行离心。

参考文献

陈钧辉，陶力，李俊，等，2003. 生物化学实验[M]. 北京：科学出版社.

单志，吴琦，2017. 生物化学实验教程[M]. 北京：中国农业出版社.

董晓燕，2021. 生物化学实验[M]. 3版. 北京：化学工业出版社.

高乐怡，方禹之，2002. 21世纪毛细管电泳技术及其应用发展趋势[J]. 理化检验（化学分册）（1）：1-6.

高英杰，郝林琳，2011. 高级生物化学实验技术[M]. 北京：科学出版社.

郭蔼光，郭泽坤，2007. 生物化学实验技术[M]. 北京：高等教育出版社.

郝福英，朱玉贤，朱圣庚，1998. 分子生物学实验技术[M]. 北京：北京大学出版社.

苟琳，单志，2015. 生物化学实验[M]. 成都：西南交通大学出版社.

蒋立科，杨婉身，2003. 现代生物化学实验技术[M]. 北京：中国农业出版社.

李合生，2001. 植物生理生化实验原理和技术[M]. 北京：高等教育出版社.

李建武，萧能赓，余瑞元，2004. 生物化学原理和方法[M]. 北京：北京大学出版社.

李俊，张冬梅，陈钧辉，2020. 生物化学实验[M]. 北京：科学出版社.

梁宋平，2003. 生物化学与分子生物学实验教程[M]. 北京：高等教育出版社.

孙志贤，1995. 现代生物化学理论与研究技术[M]. 北京：军事医学科学出版社.

文树基，1994. 基础生物化学实验指导[M]. 西安：陕西科学技术出版社.

武金霞，2012. 生物化学实验教程[M]. 北京：科学出版社.

杨建雄，2014. 生物化学与分子生物学实验技术教程[M]. 北京：科学出版社.

杨志敏，2015. 生物化学实验[M]. 北京：高等教育出版社.

于自然，黄熙泰，李翠凤，2003. 生物化学习题及实验技术[M]. 北京：化学工业出版社.

张景海，2006. 生物化学实验[M]. 北京：中国医药科技出版社.

张龙翔，张庭芳，李令媛，1997. 生化实验方法和技术[M]. 北京：高等教育出版社.

赵永芳，2015. 生物化学技术原理及应用[M]. 北京：科学出版社.

周顺伍，2007. 动物生物化学实验指导[M]. 北京：中国农业出版社.

朱广华，郑洪，鞠熀先，2004. 荧光偏振免疫分析技术的研究进展[J]. 分析化学（1）：102-106.

POOLE C F, 2021. Gas chromatography[M]. Amsterdam：Elsevier.

SPANGENBERG B, POOLE C F, WEINS C, 2011. Theoretical basis of thin layer chromatography (TLC). Quantitative thin-layer chromatography：A practical survey[M]. Berlin：Springer.

附　录

一、常用缓冲液的配制方法

1. 氯化钾-盐酸缓冲液(0.2 mol/L)

pH	x	pH	x	pH	x
1.0	67.0	1.5	20.7	1.9	8.1
1.1	52.8	1.6	16.2	2.0	6.5
1.2	42.5	1.7	13.0	2.1	5.1
1.3	33.6	1.8	10.2	2.2	3.9
1.4	26.6				

注：25 mL 0.2 mol/L 氯化钾+x mL 0.2 mol/L 盐酸，再加入水稀释至 100 mL。

2. 甘氨酸-盐酸缓冲液(0.05 mol/L)

pH	x	y	pH	x	y
2.2	50	44.0	3.0	50	11.4
2.4	50	32.4	3.2	50	8.2
2.6	50	24.2	3.4	50	6.4
2.8	50	16.8	3.6	50	5.0

注：x mL 0.2 mol/L 甘氨酸+y mL 0.2 mol/L 盐酸，再加入水稀释至 200 mL；甘氨酸 M_r=75.07，0.2 mol/L 甘氨酸溶液为 15.01 g/L。

3. 邻苯二甲酸氢钾-盐酸缓冲液(0.05 mol/L)

pH(20℃)	x	y	pH(20℃)	x	y
2.2	5	4.670	3.2	5	1.470
2.4	5	3.960	3.4	5	0.990
2.6	5	3.295	3.6	5	0.597
2.8	5	2.642	3.8	5	0.263
3.0	5	2.032			

注：x mL 0.2 mol/L 邻苯二甲酸氢钾+y mL 0.2 mol/L 盐酸，再加水稀释至 20 mL；邻苯二甲酸氢钾 M_r=204.23，0.2 mol/L 邻苯二甲酸氢钾溶液为 40.85 g/L。

4. 磷酸氢二钠-柠檬酸缓冲液

pH	0.2 mol/L 磷酸氢二钠/mL	0.1 mol/L 柠檬酸/mL	pH	0.2 mol/L 磷酸氢二钠/mL	0.1 mol/L 柠檬酸/mL
2.2	0.40	19.60	5.2	10.72	9.28
2.4	1.24	18.76	5.4	11.15	8.85
2.6	2.18	17.82	5.6	11.60	8.40
2.8	3.17	16.83	5.8	12.09	7.91
3.0	4.11	15.89	6.0	12.63	7.37
3.2	4.94	15.06	6.2	13.22	6.78
3.4	5.70	14.30	6.4	13.85	6.15
3.6	6.44	13.56	6.6	14.55	5.45
3.8	7.10	12.90	6.8	15.45	4.55
4.0	7.71	12.29	7.0	16.47	3.53
4.2	8.28	11.72	7.2	17.39	2.61
4.4	8.82	11.18	7.4	18.17	1.83
4.6	9.35	10.65	7.6	18.73	1.27
4.8	9.86	10.14	7.8	19.15	0.85
5.0	10.30	9.70	8.0	19.45	0.55

注：Na_2HPO_4 $M_r=141.98$，0.2 mL/L 溶液为 28.40 g/L；$Na_2HPO_4 \cdot 2H_2O$ $M_r=178.05$，0.2 mol/L 溶液为 35.61 g/L；柠檬酸($C_6H_8O_7 \cdot H_2O$) $M_r=210.14$，0.1 mol/L 溶液为 21.01 g/L。

5. 柠檬酸-氢氧化钠-盐酸缓冲液

pH	钠离子浓度/(mol/L)	柠檬酸/g	97%氢氧化钠/g	37.2%盐酸/mL	最终体积/L
2.2	0.20	210	84	160	10
3.1	0.20	210	83	116	10
3.3	0.20	210	83	106	10
4.3	0.20	210	83	56	10
5.3	0.50	245	144	68	10
5.8	0.45	285	186	105	10
6.5	0.38	266	156	126	10

注：使用时可以每升加入 1.0 g 酚。若最后 pH 有变化，再用少量 50%氢氧化钠溶液或浓盐酸调节。

6. 硼砂-氢氧化钠缓冲液（0.05 mol/L 硼酸根）

pH	x/mL	y/mL	pH	x/mL	y/mL
9.3	50	6.0	9.8	50	34.0
9.4	50	11.0	10.0	50	43.0
9.6	50	23.0	10.1	50	46.0

注：x mL 0.05 mol/L 硼砂+y mL 0.2 mol/L 氢氧化钠，加水稀释至 200 mL。硼砂($Na_2B_4O_7 \cdot 10H_2O$) $M_r=381.43$，0.05 mL/L 溶液为 19.07 g/L。

7. 柠檬酸–柠檬酸钠缓冲液(0.1 mol/L)

pH	0.1 mol/L 柠檬酸/mL	0.1 mol/L 柠檬酸钠/mL	pH	0.1 mol/L 柠檬酸/mL	0.1 mol/L 柠檬酸钠/mL
3.0	18.6	1.4	5.0	8.2	11.8
3.2	17.2	2.8	5.2	7.3	12.7
3.4	16.0	4.0	5.4	6.4	13.6
3.6	14.9	5.1	5.6	5.5	14.5
3.8	14.0	6.0	5.8	4.9	15.3
4.0	13.1	6.9	6.0	3.8	16.2
4.2	12.3	7.7	6.2	2.8	17.2
4.4	11.4	8.6	6.4	2.0	18.0
4.6	10.3	9.7	6.6	1.4	18.6
4.8	9.2	10.8			

注：柠檬酸($C_6H_8O_7 \cdot H_2O$) $M_r = 210.14$，0.1 mol/L 溶液为 21.01 g/L；柠檬酸钠($Na_3C_6H_5O_7 \cdot 2H_2O$) $M_r = 294.12$，0.1 mol/L 溶液为 29.41 g/L。

8. 乙酸–乙酸钠缓冲液(0.2 mol/L)

pH(18℃)	0.2 mol/L 乙酸钠/mL	0.2 mol/L 乙酸/mL	pH(18℃)	0.2 mol/L 乙酸钠/mL	0.2 mol/L 乙酸/mL
3.6	0.75	9.25	4.8	5.90	4.10
3.8	1.20	8.80	5.0	7.00	3.00
4.0	1.80	8.20	5.2	7.90	2.10
4.2	2.65	7.35	5.4	8.60	1.40
4.4	3.70	6.30	5.6	9.10	0.90
4.6	4.90	5.10	5.8	9.40	0.60

注：NaAc · $3H_2O$ $M_r = 136.09$，0.2 mol/L 溶液为 27.22 g/L。

9. 邻苯二甲酸氢钾–氢氧化钠缓冲液

pH	x	pH	x	pH	x
4.1	1.3	4.8	16.5	5.5	36.6
4.2	3.0	4.9	19.4	5.6	38.8
4.3	4.7	5.0	22.6	5.7	40.6
4.4	6.6	5.1	25.6	5.8	42.3
4.5	8.7	5.2	28.8	5.9	43.7
4.6	11.1	5.3	31.6		
4.7	13.6	5.4	34.1		

注：50 mL 0.1 mol/L 邻苯二甲酸氢钾 + x mL 0.1 mol/L 氢氧化钠，加水稀释至 100 mL；邻苯二甲酸氢钾 $M_r = 204.23$，0.1 mol/L 溶液为 20.42 g/L。

10. 磷酸盐缓冲液

（1）磷酸氢二钠-磷酸二氢钠缓冲液（0.2 mol/L）

pH	0.2 mol/L 磷酸氢二钠/mL	0.2 mol/L 磷酸二氢钠/mL	pH	0.2 mol/L 磷酸氢二钠/mL	0.2 mol/L 磷酸二氢钠/mL
5.8	8.0	92.0	7.0	61.0	39.0
5.9	10.0	90.0	7.1	67.0	33.0
6.0	12.3	87.7	7.2	72.0	28.0
6.1	15.0	85.0	7.3	77.0	23.0
6.2	18.5	81.5	7.4	81.0	19.0
6.3	22.5	77.5	7.5	84.0	16.0
6.4	26.5	73.5	7.6	87.0	13.0
6.5	31.5	68.5	7.7	89.5	10.5
6.6	37.5	62.5	7.8	91.5	8.5
6.7	43.5	56.5	7.9	93.0	7.0
6.8	59.0	51.0	8.0	94.7	5.3
6.9	55.0	45.0			

注：$Na_2HPO_4 \cdot 2H_2O$ $M_r = 178.05$，0.2 mol/L 溶液为 35.61 g/L；$Na_2HPO_4 \cdot 12H_2O$ $M_r = 358.22$，0.2 mol/L 溶液为 71.64 g/L；$NaH_2PO_4 \cdot H_2O$ $M_r = 138.01$，0.2 mol/L 溶液为 27.6 g/L；$NaH_2PO_4 \cdot 2H_2O$ $M_r = 156.03$，0.2 mol/L 溶液为 31.21 g/L。

（2）磷酸氢二钠-磷酸二氢钾缓冲液（1/15 mol/L）

pH	1/15 mol/L 磷酸氢二钠/mL	1/15 mol/L 磷酸二氢钾/mL	pH	1/15 mol/L 磷酸氢二钠/mL	1/15 mol/L 磷酸二氢钾/mL
4.92	0.10	9.90	7.17	7.00	3.00
5.29	0.50	9.50	7.38	8.00	2.00
5.91	1.00	9.00	7.73	9.00	1.00
6.24	2.00	8.00	8.04	9.50	0.50
6.47	3.00	7.00	8.34	9.75	0.25
6.64	4.00	6.00	8.67	9.90	0.10
6.81	5.00	5.00	8.98	10.00	0
6.98	6.00	4.00			

注：$NaH_2PO_4 \cdot 2H_2O$ $M_r = 178.05$，1/15 mol/L 溶液为 11.876 g/L；KH_2PO_4 $M_r = 136.09$，1/15 mol/L 溶液为 9.078 g/L。

11. 磷酸二氢钾-氢氧化钠缓冲液（0.05 mol/L）

pH(20℃)	x/mL	y/mL	pH(20℃)	x/mL	y/mL
5.8	5	0.372	7.0	5	2.963
6.0	5	0.570	7.2	5	3.500
6.2	5	0.860	7.4	5	3.950
6.4	5	1.260	7.6	5	4.280
6.6	5	1.780	7.8	5	4.520
6.8	5	2.365	8.0	5	4.680

注：x mL 0.2 mol/L 磷酸二氢钾 + y mL 0.2 mol/L 氢氧化钠，加水稀释至 20 mL。

12. 巴比妥钠-盐酸缓冲液

pH(18℃)	0.04 mol/L 巴比妥钠/mL	0.2 mol/L 盐酸/mL	pH(18℃)	0.04 mol/L 巴比妥钠/mL	0.2 mol/L 盐酸/mL
6.8	100	18.4	8.4	100	5.21
7.0	100	17.8	8.6	100	3.82
7.2	100	16.7	8.8	100	2.52
7.4	100	15.3	9.0	100	1.65
7.6	100	13.4	9.2	100	1.13
7.8	100	11.47	9.4	100	0.70
8.0	100	9.39	9.6	100	0.35
8.2	100	7.21			

注：巴比妥钠 $M_r=206.18$，0.04 mol/L 溶液为 8.25 g/L。

13. Tris-盐酸缓冲液（0.05 mol/L）

pH(25℃)	x/mL	pH(25℃)	x/mL
7.10	45.7	8.10	26.2
7.20	44.7	8.20	22.9
7.30	43.4	8.30	19.9
7.40	42.0	8.40	17.2
7.50	40.3	8.50	14.7
7.60	38.5	8.60	12.4
7.70	36.6	8.70	10.3
7.80	34.5	8.80	8.5
7.90	32.0	8.90	7.0
8.00	29.2	9.00	5.7

注：50 mL 0.1 mol/L 三羟甲基氨基甲烷（Tris）溶液与 x mL 0.1 mol/L 盐酸混匀后，加水稀释至 100 mL。三羟甲基氨基甲烷（Tris） $M_r=121.14$，0.1 mol/L 溶液为 12.114 g/L。Tris 溶液可从空气中吸收 CO_2，使用时注意将瓶盖严。

14. 硼砂-盐酸缓冲液（0.05 mol/L 硼酸根）

pH	x/mL	pH	x/mL	pH	x/mL
8.0	20.5	8.4	16.6	8.8	9.4
8.1	19.7	8.5	15.2	8.9	7.1
8.2	18.8	8.6	13.5	9.0	4.6
8.3	17.7	8.7	11.6	9.1	2.0

注：50 mL 0.025 mol/L 硼砂 + x mL 0.1 mol/L 盐酸，加水稀释至 100 mL。硼砂（$Na_2B_4O_7 \cdot 10H_2O$） $M_r=381.43$，0.025 mol/L 溶液为 9.53 g/L。

15. 硼砂–硼酸缓冲液(0.2 mol/L 硼酸根)

pH	0.05 mol/L 硼砂/mL	0.2 mol/L 硼酸/mL	pH	0.05 mol/L 硼砂/mL	0.2 mol/L 硼酸/mL
7.4	1.0	9.0	8.2	3.5	6.5
7.6	1.5	8.5	8.4	4.5	5.5
7.8	2.0	8.0	8.7	6.0	4.0
8.0	3.0	7.0	9.0	8.0	2.0

注：硼砂($Na_2B_4O_7 \cdot 10H_2O$) $M_r = 381.43$，0.05 mol/L 溶液(0.2 mol/L 硼酸根)含 19.07 g/L；硼酸(H_2BO_3) $M_r = 61.84$，0.2 mol/L 溶液为 12.37 g/L。硼砂易失去结晶水，必须在带塞的瓶中保存。

16. 甘氨酸–氢氧化钠缓冲液(0.05 mol/L)

pH	x/mL	y/mL	pH	x/mL	y/mL
8.6	50	4.0	9.6	50	22.4
8.8	50	6.0	9.8	50	27.2
9.0	50	8.8	10.0	50	32.0
9.2	50	12.0	10.4	50	38.6
9.4	50	16.0	10.6	50	45.5

注：x mL 0.2 mol/L 甘氨酸 + y mL 0.2 mol/L 氢氧化钠，加水稀释至 200 mL。甘氨酸 $M_r = 75.07$，0.2 mL/L 溶液为 15.01 g/L。

17. 碳酸钠–碳酸氢钠缓冲液(0.1 mol/L)

pH 20℃	pH 37℃	0.1 mol/L 碳酸钠/mL	0.1 mol/L 碳酸氢钠/mL
9.16	8.77	1	9
9.40	9.12	2	8
9.51	9.40	3	7
9.78	9.50	4	6
9.90	9.72	5	5
10.14	9.90	6	4
10.28	10.08	7	3
10.53	10.28	8	2
10.83	10.57	9	1

注：碳酸钠 $M_r = 286.2$，0.1 mol/L 溶液为 28.62 g/L；碳酸氢钠 $M_r = 84.0$，0.1 mol/L 溶液为 8.40 g/L。

18. 磷酸氢二钠–氢氧化钠缓冲液(0.025 mol/L)

pH	x/mL	pH	x/mL	pH	x/mL
12.0	6.0	12.4	16.2	12.8	41.2
12.1	8.0	12.5	20.4	12.9	53.0
12.2	10.2	12.6	25.6	13.0	66.0
12.3	12.8	12.7	32.2		

注：50 mL 0.05 mol/L 磷酸氢二钠 + x mL 0.1 mol/L 氢氧化钠，加水稀释至 100 mL。

19. 碳酸氢钠-氢氧化钠缓冲液(0.025 mol/L)

pH	x/mL	pH	x/mL	pH	x/mL
9.6	5.0	10.1	12.2	10.6	19.1
9.7	6.2	10.2	13.8	10.7	20.2
9.8	7.6	10.3	15.2	10.8	21.2
9.9	9.1	10.4	16.5	10.9	22.0
10.0	10.7	10.5	17.8	11.0	22.7

注：50 mL 0.05 mol/L 碳酸氢钠+ x mL 0.1 mol/L 氢氧化钠，加水稀释至 100 mL。NaHCO$_3$ M_r = 84.0, 0.05 mol/L 溶液为 4.20 g/L。

二、硫酸铵饱和度的常用表

1. 调整硫酸铵溶液饱和度计算表(25℃)

		硫酸铵终浓度(饱和度/%)																
		10	20	25	30	33	35	40	45	50	55	60	65	70	75	80	90	100
		每升溶液加固体硫酸铵的质量/g*																
	0	56	114	144	176	196	209	243	277	313	351	390	430	472	516	561	662	767
	10		57	86	118	137	150	183	216	251	288	326	365	406	449	494	592	694
	20			29	59	78	91	123	155	189	225	362	300	340	382	424	520	619
	25				30	49	61	93	125	158	193	230	267	307	348	390	485	583
	30					19	30	62	94	127	162	198	235	273	314	356	449	546
硫酸铵初浓度(饱和度/%)	33						12	43	74	107	142	177	214	252	292	333	426	522
	35							31	63	94	129	164	200	238	278	319	411	506
	40								31	63	97	132	168	205	245	285	375	469
	45									32	65	99	134	171	210	250	339	431
	50										33	66	101	137	176	214	302	392
	55											33	67	103	141	179	264	353
	60												34	69	105	143	227	314
	65													34	70	107	190	275
	70														35	72	153	237
	75															36	115	198
	80																77	157
	90																	79

注：* 在 25℃ 下，硫酸铵溶液由初浓度调到终浓度时，每升溶液所加固体硫酸铵的质量(g)。

2. 不同温度下的饱和硫酸铵溶液

温度/℃	0	10	20	25	30
每 100.0 g 水中含硫酸铵的物质的量/mol	5.35	5.53	5.73	5.82	5.91
质量分数/%	41.42	42.22	43.09	43.47	43.85
1 L 水用硫酸铵饱和所需质量/g	706.8	730.5	755.8	766.8	777.5
每升饱和溶液含硫酸铵质量/g	514.8	525.2	536.8	541.2	545.9
饱和溶液浓度/(mol/L)	3.90	3.97	4.06	4.10	4.13

3. 调整硫酸铵溶液饱和度计算表(25℃)

	在 0℃硫酸铵终浓度(饱和度/%)																
	20	25	30	35	40	45	50	55	60	65	70	75	80	85	90	95	100
	每 100 mL 溶液加固体硫酸铵的质量/g*																
0	10.6	13.4	16.4	19.4	22.6	25.8	29.1	32.6	36.1	39.8	43.6	47.6	51.6	55.9	60.3	65.0	69.7
5	7.9	10.8	13.7	16.6	19.7	22.9	26.2	29.6	33.1	36.8	40.5	44.4	48.4	52.6	57.0	61.5	66.2
10	5.3	8.1	10.9	13.9	16.9	20.0	23.3	26.6	30.1	33.7	37.4	41.2	45.2	49.3	53.6	58.1	62.7
15	2.6	5.4	8.2	11.1	14.1	17.2	20.4	23.7	27.1	30.6	34.3	38.1	42.0	46.0	50.3	54.7	59.2
20	0	2.7	5.5	8.3	11.3	14.3	17.5	20.7	24.1	27.6	31.2	34.9	38.7	42.7	46.9	51.2	55.7
25		0	2.7	5.6	8.4	11.5	14.6	17.9	21.1	24.5	28.0	31.7	35.5	39.5	43.6	47.8	52.2
30			0	2.8	5.6	8.6	11.7	14.8	18.1	21.4	24.9	28.5	32.3	36.2	40.2	44.5	48.8
35				0	2.8	5.7	8.7	11.8	15.8	18.4	21.8	25.4	29.1	32.9	36.9	41.0	45.3
40					0	2.9	5.8	8.9	12.0	15.3	18.7	22.2	25.8	29.6	33.5	37.6	41.8
45						0	2.9	5.9	9.0	12.3	15.6	19.0	22.6	26.3	30.2	34.2	38.3
50							0	3.0	6.0	9.2	12.5	15.9	19.4	23.0	26.8	30.8	34.8
55								0	3.0	6.1	9.3	12.7	16.1	19.7	23.5	27.3	31.3
60									0	3.1	6.2	9.5	12.9	16.4	20.1	23.1	27.9
65										0	3.1	6.3	9.7	13.2	16.8	20.5	24.4
70											0	3.2	6.5	9.9	13.4	17.1	20.9
75												0	3.2	6.6	10.1	13.7	17.4
80													0	3.3	6.7	10.3	13.9
85														0	3.4	6.8	10.5
90															0	3.4	7.0
95																0	3.5
100																	0

硫酸铵初浓度(饱和度/%)

注:*在 0℃下,硫酸铵溶液由初浓度调到终浓度时,每 100 mL 溶液所加固体硫酸铵的质量(g)。

三、常用指示剂的配制

(1)1%酚酞：溶解酚酞 1.0 g 于 100 mL 95%乙醇中。

(2)0.1%甲基橙：溶解甲基橙 0.1 g 于 100 mL 水中。

(3)0.1%甲基红：溶解甲基红 0.1 g 于 100 mL 95%乙醇中。

(4)0.1%溴甲酚绿：溶解溴甲酚绿粉末 0.1 g 于 100 mL 95%乙醇中。

(5)0.05%溴甲酚紫：溶解溴甲酚紫粉末 0.05 g 于 100 mL 95%乙醇中。

(6)0.1%溴百里酚蓝：溶解溴百里酚蓝粉末 0.1 g 于 100 mL 95%乙醇中。

(7)甲基红-溴甲酚绿指示剂：1 份 0.1%甲基红与 5 份 0.1%溴甲酚绿混合。

(8)1%亚甲蓝：溶解亚甲蓝粉末 1.0 g 于 100 mL 水中。

(9)0.1%酚红：溶解粉末酚红 0.1 g 于 100 mL 95%乙醇中。

(10)0.1%百里酚蓝：溶解百里酚蓝粉末 0.1 g 于 100 mL 95%乙醇中。

(11)1%淀粉：溶解 1.0 g 可溶性淀粉于 100 mL 水中，煮沸(用1%氯化锌代替可长期保存)。